GIS e modellizzazione eco-idrologica

Bilancio idrologico, erosione e qualità dell'acqua con QGIS e SWAT+

I0440158

In copertina: foto di Ricardo Gomez Angel, unsplash.com.

GIS e modellizzazione eco-idrologica

idrologica

Bilancio idrologico, erosione e qualità dell'acqua con QGIS e SWAT+

Giuseppe Pulighe

Flavio Lupia

Prima edizione

Giuseppe Pulighe http://orcid.org/0000-0002-6470-0984

Flavio Lupia http://orcid.org/0000-0002-8379-9713

GIS e modellizzazione eco-idrologica

Bilancio idrologico, erosione e qualità dell'acqua con QGIS e SWAT+

ISBN: 9798865810797

Publisher: Ind.Pub.

COPYRIGHT © 2023 Giuseppe Pulighe Flavio Lupia

Prima edizione: dicembre 2023

Il dataset degli esercizi da utilizzare con il libro è ospitato su FIGSHARE all'indirizzo riportato nella sezione Software e Dataset.

Citazione suggerita:
Pulighe, G., Lupia, F. 2023. *GIS e modellizzazione eco-idrologica. Bilancio idrologico, erosione e qualità dell'acqua con QGIS e SWAT+* (Prima ed.). Ind.Pub.

Gli autori desiderano estendere i loro sinceri ringraziamenti ad Alice Carlotta Tani per il suo prezioso contributo e il suo feedback costruttivo, che hanno contribuito in maniera significativa al miglioramento di questo libro.

Indice

Prefazione

La gestione delle risorse idriche è un tema centrale per la conservazione degli ecosistemi. La modellizzazione eco-idrologica è uno degli approcci migliori per simulare gli effetti antropici sulla qualità e quantità dell'acqua e per supportare la gestione delle risorse idriche in chiave olistica a scala di bacino idrografico. Il modello SWAT è uno dei sistemi più utilizzati per la modellizzazione eco-idrologica grazie alla sua capacità di integrare una vasta gamma di fattori che influenzano quantità e qualità dell'acqua. Le applicazioni potenziali sono innumerevoli, specialmente quelle che riguardano la modellazione del bilancio idrologico in aree agricole anche nell'ottica della pianificazione della risorsa nel corrente contesto di cambiamento climatico. Inoltre, la flessibilità del modello nell'integrazione di dati provenienti da misure dirette in campo o indirette (es. telerilevamento) amplia ulteriormente le potenzialità applicative.

Questo volume è un'importante risorsa per coloro che sono interessati alla modellizzazione eco-idrologica con SWAT implementato nel software *open-source* QGIS. Il libro è una guida dettagliata sull'acquisizione e preparazione dei dati geospaziali, la definizione dei bacini idrografici, la simulazione di diverse componenti del bilancio idrologico fino alla verifica dei risultati simulati in un caso di studio reale. Le procedure illustrate saranno certamente utili a coloro (studenti, professionisti, ricercatori, funzionari pubblici) che operano nella gestione delle risorse idriche e nella conservazione ambientale.

Prof. Ing. Guido D'URSO, PhD
Dipartimento di Agraria
Università degli Studi di Napoli Federico II
Portici (NA)

Prefazione

Un libro come questo era davvero necessario, e molti saranno grati agli autori per averlo scritto. Si rivolge a tecnici, professionisti e ricercatori nel campo ambientale, dove gli strumenti di simulazione delle dinamiche idrologiche e GIS sono sempre più necessari. Le informazioni fornite avranno un impatto significativo sulla qualità dei progetti, delle valutazioni e, di conseguenza, sulle decisioni tecniche e politiche, nonché sull'efficienza ed efficacia delle azioni intraprese.

Il libro si propone di facilitare l'uso di strumenti già noti, ma per i quali mancava un manuale strutturato, specialmente in lingua italiana, con un focus particolare sul modello SWAT+. Gli strumenti presentati sono potenti e trovano applicazioni sempre più diffuse nella progettazione e pianificazione ambientale, soprattutto in un'epoca di transizione climatica. I progettisti, i valutatori e i tecnici delle pubbliche amministrazioni saranno sempre più chiamati a valutare in modo quantitativo e contestualizzato le conseguenze di diverse scelte progettuali, operando in condizioni di crescente incertezza climatica e senza poter fare affidamento su dati climatici esistenti.

L'uso di strumenti di modellazione integrati con applicazioni GIS consente di rendere accessibili conoscenze relative a fenomeni particolarmente complessi come quelli idrologici anche a non esperti, per facilitare l'integrazione di conoscenze scientifiche e locali in processi partecipativi finalizzati a migliorare la fattibilità delle soluzioni proposte. Sono questi tipicamente gli obiettivi dei "Living Lab", che si stanno rapidamente diffondendo nei programmi di ricerca (es. Mission Soil Deal for Europe) come strumenti di ricerca-azione partecipata per affrontare complesse questioni ambientali e facilitare la mediazione dei relativi conflitti.

A differenza della mitigazione del cambiamento climatico, che si basa principalmente sulla transizione ecologica verso fonti di energia rinnovabili, l'adattamento richiede soluzioni progettuali altamente contestualizzate sulle specificità locali, in termini eco-idrologici e socio-economici. In questo contesto, la gestione sostenibile delle risorse idriche è cruciale per lo sviluppo sostenibile nelle aree rurali e periurbane.

Il libro è di facile consultazione e utile anche per coloro che, per la prima volta, si avvicinano allo studio del bilancio idrologico a scala territoriale, come gli studenti universitari. Attraverso gli strumenti presentati, è possibile considerare la complessità del paesaggio, i suoi cambiamenti dinamici nel tempo e la variabilità climatica. Non è solo un testo di riferimento per corsi specialistici, ma anche un manuale per professionisti esperti che intendano approfondire le potenzialità degli strumenti di modellistica idrologica accoppiati con sistemi informativi geografici.

La combinazione di parti teoriche con consigli pratici per affrontare casi concreti rappresenta un punto di forza del libro, consentendo al lettore di mettere immediatamente in pratica le informazioni acquisite. A titolo di esempio, gli strumenti illustrati nel libro possono essere di grande aiuto nell'ambito della professione e del monitoraggio ambientale, come nel caso della nascente Direttiva UE sul suolo. L'attuazione di questa direttiva richiederà la capacità di simulare gli effetti di scelte agronomiche e di uso del suolo sulla tutela del suolo dall'erosione, tenendo conto della variabilità spaziale. Il tema è particolarmente rilevante in ambiente mediterraneo, dove si attende un aumento dell'intensità delle precipitazioni alternate a un aumento dei periodi siccitosi, con conseguente maggiore pericolo di erosione idrica. L'integrazione di SWAT+ con QGIS offre un efficace supporto alla progettazione di misure di prevenzione nelle aree più vulnerabili, con conseguenti ricadute positive sulla qualità ambientale dei corpi idrici superficiali e mitigazione degli impatti sulla salute degli ecosistemi (es. riduzione dei fenomeni di eutrofizzazione) e sulle infrastrutture

Strumenti di simulazione potenti come SWAT+ integrato con QGIS devono essere maneggiati con cura. La qualità dei risultati dipende non solo dalla capacità dell'utente di utilizzare correttamente lo strumento, ma anche dalla qualità dei dati di input e dalla disponibilità di dataset affidabili per la calibrazione del modello. In Italia, siamo ancora indietro rispetto ad altri paesi europei, soprattutto per quanto riguarda la disponibilità di dati pedologici ad alta risoluzione spaziale e la frammentarietà dei dati meteorologici, su cui manca un efficace coordinamento nazionale. L'auspicio è che la diffusione di questi strumenti nel settore tecnico e professionale alimenti la domanda di queste "infrastrutture immateriali" di conoscenza, che saranno indispensabili in futuro per raggiungere una qualità progettuale adeguata agli obiettivi di sviluppo sostenibile in un contesto di cambiamento climatico.

Prof. PierPaolo Roggero
Dipartimento di Agraria
Università degli Studi di Sassari
Sassari

Introduzione

Negli ultimi anni si sta assistendo ad un crescente interesse nell'utilizzo di strumenti e modelli matematici in grado di descrivere i processi naturali su scala territoriale per la corretta gestione delle risorse naturali. La modellizzazione eco-idrologica di bacino consente di simulare spazialmente gli effetti di interazione tra le matrici ambientali e l'attività antropica. Da tempo, la comunità scientifica ha lavorato allo sviluppo di diversi modelli per simulare le interazioni e gli effetti delle diverse componenti dei processi di afflusso e deflusso del bilancio idrologico. La simulazione consente di descrivere i processi fisici e naturali che regolano la risposta idrologica di un bacino in termini di afflussi e deflussi dipendenti da vari fattori: apporti meteorici, processi di infiltrazione, deflusso e ruscellamento, evapotraspirazione, pratiche di gestione dell'uso del suolo e presenza di fonti inquinamento puntuali e diffuse.

SWAT+, sviluppato dall'USDA *Agricultural Research Service e Texas A&M University*, è uno strumento universalmente riconosciuto per la modellizzazione di bacino mediante l'utilizzo di dati geospaziali di facile accesso (es. uso del suolo, pedologia, topografia, dati meteo-climatici, dati telerilevati). L'efficienza di calcolo (modellazione di bacini anche di grande scala con varie strategie di gestione) e la simulazione dei fenomeni con lunghi intervalli temporali consentono agli utilizzatori la valutazione degli effetti generati dai cambiamenti gestionali del territorio.

Gli autori condividono con il lettore l'esperienza maturata nella modellizzazione integrata dei processi idrologici per lo studio delle interazioni tra uso del suolo e componente idrica nell'ambito di diversi progetti di ricerca internazionali. In questa opera forniscono in modo lineare e dettagliato il metodo per impostare la modellazione con SWAT+ utilizzando il software open source QGIS ed il *plugin* QSWAT+ in un caso reale di un bacino idrografico nell'area del Sulcis in Sardegna. Il lettore ha la possibilità di modellizzare diverse componenti del bilancio idrologico con indicazioni dettagliate sulla preparazione dei dataset di input, la parametrizzazione degli step di modellazione fino alla calibrazione/validazione ed all'analisi critica dei risultati.

Il testo è destinato a studenti, dottorandi universitari e professionisti che intendono applicare la modellazione di bacino mediante il modello SWAT+. I lettori potranno utilizzarlo come riferimento completo per l'applicazione di SWAT+ per riprodurre fedelmente i processi biofisici di bacino misurando l'impatto antropico diffuso (es., agricoltura e zootecnia) e puntuale (es., scarichi civili e industriali) sullo stato quali-quantitativo delle acque (es., azoto, fosforo e sedimenti nelle acque superficiali).

Giuseppe Pulighe
Flavio Lupia

Software e Dataset

Per sfruttare al meglio questo libro

Per seguire l'esercizio guidato di questo libro è necessario installare sul computer QGIS versione *long-term-release* e SWAT+, oltre al database SQLite Studio. Nel Capitolo 7 ti guideremo nell'installazione dei pacchetti e nella verifica del tuo sistema operativo affinché sia configurato correttamente prima di iniziare.

Scaricare i file dell'esercizio

Il dataset degli esercizi da utilizzare con il libro è ospitato su  al seguente indirizzo:

```
https://figshare.com/s/85c48084b0e7a787cdbf
```

Convenzioni utilizzate

Nel libro vengono utilizzati diversi stili di testo:

`Testo-Codice`: indica nomi di cartelle, nomi di file, estensioni di file, nomi di percorso, riga di comando, codice, nomi di tabelle di database, URL
`>`: indica l'input dell'utente sui comandi del modello.

Grassetto: quando vogliamo attirare l'attenzione su un nuovo termine, una specifica parte di un testo, di un comando, di un parametro, o di una funzionalità che si trova nei comandi o nelle finestre del software.

Corsivo: quando riportiamo parole in inglese meno note (esclusi i comandi, notifiche e finestre del software), formule matematiche.

 Box di approfondimento, suggerimenti e trucchi appaiono così.

Contatti

I commenti dei nostri lettori sono sempre benvenuti. Se avete domande su qualsiasi aspetto di questo libro, o se avete trovato un errore inviateci un'e-mail a: SWATplusbook@gmail.com

Parte Prima – Introduzione alla modellizzazione con SWAT+

1. Il ciclo idrologico

1.1 Introduzione

Il ciclo dell'acqua è il sistema che descrive la circolazione dell'acqua nell'idrosfera determinata dalle interazioni tra atmosfera e crosta terrestre. Queste interazioni avvengono mediante le acque superficiali, le acque sotterranee e gli organismi viventi. L'acqua nei suoi diversi stati (liquido, gassoso, solido) si muove tra i luoghi in cui è immagazzinata in un ciclo continuo che non ha né un inizio né una fine. I fenomeni idrologici si verificano su grandi scale e su scale ridotte sia naturalmente che a causa delle azioni umane. Elementi chiave del ciclo idrologico sono i fenomeni di precipitazione, evaporazione, traspirazione, condensazione, sublimazione, infiltrazione e scorrimento.

L'uso dell'acqua da parte dell'uomo influisce sul luogo in cui viene immagazzinata, sul modo in cui si muove e sulla sua purezza. Il 96% di tutta l'acqua è immagazzinata negli oceani ed è salina, il restante 4% è immagazzinato sulla terra ferma. Allo stato liquido, l'acqua salata è immagazzinata nei laghi salati, mentre quella dolce è concentrata nei laghi d'acqua dolce, nei bacini artificiali, nei fiumi e nelle zone umide.

L'acqua immagazzinata in forma solida si trova negli strati nei ghiacciai, nel manto nevoso ad altezze elevate o vicino ai poli terrestri. Sottoforma di vapore acqueo, l'acqua viene immagazzinata come umidità atmosferica. Nel suolo, l'acqua congelata è stoccata come permafrost e quella liquida come umidità del suolo. In profondità, l'acqua liquida è immagazzinata nelle falde acquifere, nelle fessure e nei pori della roccia. L'acqua derivante dalle precipitazioni può essere intercettata dalle piante e traspirata dalla superficie fogliare, infiltrarsi nel suolo alimentando le falde profonde e superficiali nonché defluire in superficie per ruscellamento. L'acqua che scorre nei corpi idrici superficiali contribuisce ad alimentare fiumi e torrenti, seguendo poi la sua via verso il mare oppure o accumulandosi nei laghi.

1.2 Il bacino idrografico

Il bacino idrografico è una porzione di territorio che drena le acque superficiali da un punto più alto ad un punto più basso verso un corpo idrico, come un torrente, un fiume, un lago, una zona umida, oppure si infiltra nelle acque sotterranee. La Figura 1.1 riporta il ciclo dell'acqua nel bacino idrografico rappresentando i flussi dinamici che spostano l'acqua tra vari corpi idrici.

Il bacino idrografico è considerato una unità di studio idrologica fondamentale per la modellizzazione e lo studio del movimento, della distribuzione e della qualità e quantità dell'acqua. L'analisi dei bacini idrografici è pertanto essenziale per la gestione, la conservazione e la pianificazione delle risorse naturali della Terra. Definire i confini di un bacino idrografico è importante per determinare la quantità di deflusso che può arrivare da quell'area ad un fiume, ad un lago o ad un torrente. Tradizionalmente, il bacino idrografico veniva creato manualmente dalle carte topografiche a partire da una sezione di uscita (*outlet*) disegnando una linea continua e perpendicolare alle curve di livello (isoipse), secondo le

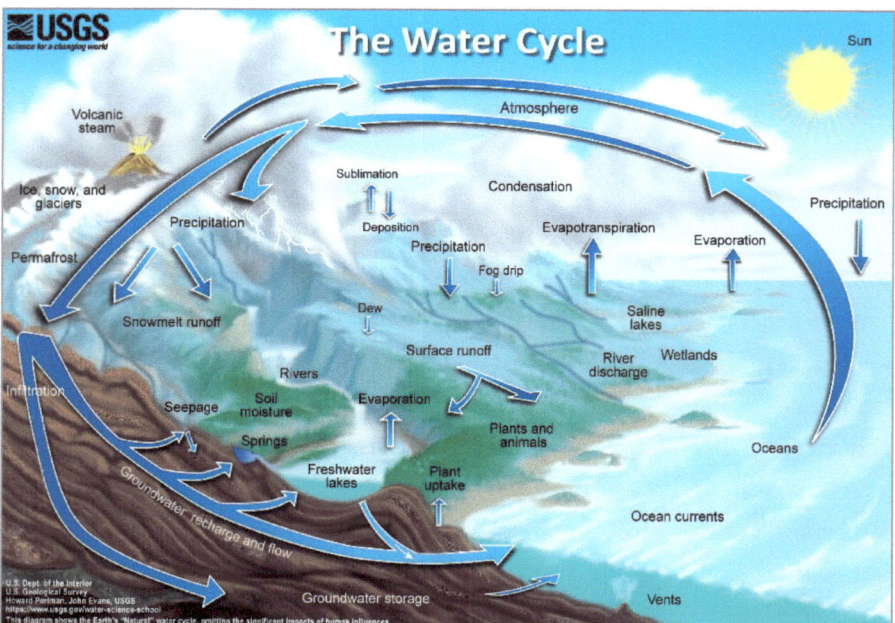

Figura 1.1 Il ciclo dell'acqua. Fonte: (USGS, 2022).

linee di massima pendenza. Infatti, il deflusso delle acque meteoriche si incanala seguendo la distanza più breve tra le curve di livello (direzioni di drenaggio), secondo un percorso perpendicolare o gradiente gravitazionale. In corrispondenza delle vette altimetriche, l'acqua scorre verso il basso partendo rispettivamente da entrambi i lati del picco. Tracciando una linea che collega i picchi di un'area, tutta l'acqua scorre verso il punto più basso di quell'area (Figura 1.2).

Attualmente, il bacino idrografico, compresi eventuali sottobacini, viene creato in automatico utilizzando un modello digitale di elevazione (*Digital Elevation Model* - DEM) mediante le funzioni disponibili nei sistemi informativi geografici (*Geographical Information System* - GIS) o con applicativi web con procedure automatiche o semiautomatiche.

I DEM sono rappresentazioni digitali in formato raster della morfologia del terreno, dove ogni pixel che lo compone riporta la quota altimetrica di quel punto rispetto alla superfice geodetica. Risulta evidente che tanto maggiore è la risoluzione spaziale del DEM, maggiore sarà l'accuratezza nella definizione della direzione dei flussi idrici della rete idrografica e nella delineazione finale bacino idrografico. Questi software permettono anche di estrarre in automatico la rete idrografica sottesa all'area di drenaggio sfruttando le informazioni sulla quota del DEM. Tuttavia, l'identificazione di un bacino idrografico e della sua rete idrografica in aree pianeggianti può risultare complicata in quanto i salti di quota sono limitati rispetto a quelli delle aree montane.

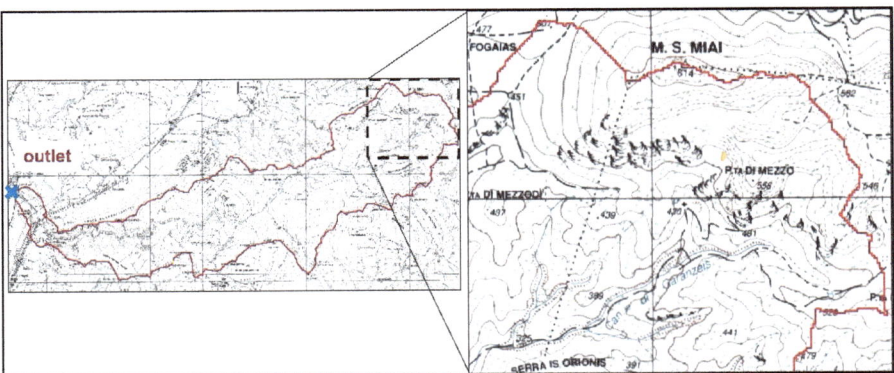

Figura 1.2 Identificazione di un bacino idrografico su carta topografica. Si osservi come la linea rossa di displuvio collega le curve di livello secondo le linee di massima pendenza. Fonte: nostra elaborazione.

In questi casi si possono utilizzare DEM a maggiore risoluzione, oppure si può agevolare il processo di elaborazione dei software utilizzando una rete idrografica esistente, in formato vettoriale, che funge da guida per l'estrazione del bacino idrografico. La descrizione quantitativa delle caratteristiche di un bacino idrografico avviene secondo i parametri geomorfometrici usualmente adottati nella letteratura scientifica desunti dal DEM (De Wiest, 1965):

- Superficie (km²)
- Perimetro (m)
- Lunghezza dell'asta principale (m)
- Lunghezza del reticolo idrografico (m)
- Pendenza media (%)
- Quota massima (m s.l.m.)
- Quota media (m s.l.m.)
- Quota alla sezione di chiusa (*outlet*) (m s.l.m.)
- Fattore di forma (varie formule)
- Densità di drenaggio
- Curva ipsometrica
- Curva ipsografica
- Fattore di forma, fattore di compattezza, ordine gerarchico

I parametri geomorfometrici sono calcolati in automatico all'interno dei software GIS tramite elaborazioni del DEM. In alternativa, è possibile effettuare il calcolo facendo ricorso ad un foglio elettronico.

1.3 Afflussi e deflussi

Il ciclo idrologico all'interno di un bacino idrografico è rappresentato da un insieme continuo di afflussi e deflussi idrici governati dai fenomeni meteorologici. L'acqua che scorre sulla superficie del terreno per formare i fiumi e modellare i paesaggi fluviali deriva in ultima analisi dall'umidità atmosferica. Il percorso più diretto dell'acqua dall'atmosfera al fiume è rappresentato dalle precipitazioni che cadono direttamente nella rete idrografica e sulla superficie del terreno, anche se la maggior parte dell'acqua segue un percorso più tortuoso. Il funzionamento del ciclo idrologico del bacino può essere espresso da una equazione di bilancio (1) che tiene conto dei vari percorsi di afflusso e delle componenti di deflusso superficiali:

$$\Delta S = P - R - G - E - T \tag{1}$$

dove P rappresenta le precipitazioni, R il deflusso superficiale, G il deflusso sotterraneo, E l'evaporazione e T la traspirazione, mentre ΔS rappresenta la variazione del flusso al tempo considerato (volume/tempo). Si consideri che ogni termine dell'equazione rappresenta un insieme complesso di relazioni in un sistema chiuso in cui non c'è massa o energia creata o persa al suo interno, né ci sono contesti temporali specifici. Quando si tratta di idrologia superficiale, l'infiltrazione al suolo è considerata una perdita, mentre in idrologia sotterranea l'infiltrazione è considerata un ingresso (ricarica) per le acque sotterranee. In alcuni casi, inoltre, il bacino idrografico superficiale e il bacino sotterraneo (idrogeologico) possono non coincidere planimetricamente a causa della presenza di strati impermeabili con falda limitata superiormente e/o inferiormente.

Il fiume (corso d'acqua) può contenere una certa quantità di "flusso di base" (*base flow*) proveniente dalle acque sotterranee e dal contributo del suolo, anche in assenza di precipitazioni. Il deflusso da precipitazioni in eccesso, dopo che le perdite sono state sottratte, costituisce il deflusso diretto. In un bacino idrografico il deflusso totale è costituito dal deflusso diretto sommato al flusso di base.

Le componenti del bilancio idrologico sono state storicamente misurate con metodi analitici basati su lunghe registrazioni storiche per tenere conto della natura casuale di questi eventi. Precipitazioni, temperature massime e minime, umidità relativa, radiazione solare e velocità del vento sono le principali variabili meteorologiche che condizionano il bilancio idrologico.

Queste variabili vengono misurate strumentalmente in stazioni di monitoraggio attrezzate per la misura e per la registrazione dei dati, in modo continuo tramite telemisura. A queste variabili si aggiungono la misura di dati idrometrici dei corsi idrici come le portate in alveo.

Le stazioni vengono posizionate nel territorio sulla base di una approfondita analisi che garantisce una distribuzione omogenea in grado di rappresentare al meglio le variabili misurate. In Italia queste misure sono reperibili negli Annali Idrologici, in passato gestiti dal Servizio Idrografico, attualmente coordinate a livello regionale e in capo a varie strutture operative che si fanno carico delle attività di gestione degli strumenti, misurazione, analisi e pubblicazione dei dati. Gli Annali Idrologici offrono un quadro meteorologico completo e vengono pubblicati in due fascicoli denominati Parte I e Parte II. La Parte I riporta i dati giornalieri sulle osservazioni termometriche (Sezione A) e pluviometriche (Sezione B). La Parte II riporta i dati sugli afflussi meteorici (Sezione A), i dati sull'idrometria (Sezione B), i dati sulle portate e bilanci idrologici (Sezione C), i dati sulla freatimetria (Sezione D), i dati sul trasporto torbido (Sezione E), l'analisi di eventi eccezionali (Sezione F).

Entrambi i fascicoli riportano il contenuto in delle tabelle, nonché un l'elenco delle caratteristiche delle stazioni di misura, comprese unità di misura, quota e altri elementi caratteristici (Figura 1.3). Il posizionamento (coordinate geografiche) e le caratteristiche delle stazioni di misura storiche

Tipo stazione: CAE SPM 20; Radio RTX 20;
Sensori: Pluviometro, Termometro, Idrometro;
Idrometro: Ultrasuoni ULM 20 in centro ponte lato valle;

Il caposaldo di riferimento è il C.S. orizzontale C.T.R.
1:10.000;
Q = 54.21 m s.l.m.;
Piastra sensore: 54.128 m s.l.m.

Asta idrometrica ideale identificabile tramite la quota del caposaldo piastra sensore idrometrico.

Quota zero idrometrico: 43.808 m s.l.m. (10.32 m sotto la quota del caposaldo piastra sensore idrometrico).

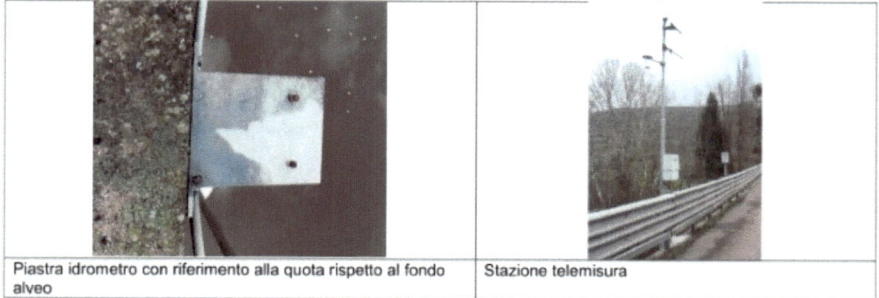

Piastra idrometro con riferimento alla quota rispetto al fondo alveo | Stazione telemisura

Figura 1.3 Identificazione di una stazione teleidrometrica in Sardegna gestita dal Servizio Idrogeologico e Idrografico dell'ARPAS (Agenzia Regionale per la Protezione dell'Ambiente della Sardegna). Fonte: ARPAS.

installate nel secolo scorso sono reperibili all'interno degli Annali stessi, oppure all'interno di apposite monografie o servizi web-GIS per quelle più recenti di nuova concezione in telemisura.

Gli Annali Idrologici rappresentano una fonte di dati indispensabili per la costruzione di una base di dati per l'applicazione di modelli eco-idrologici a scala di bacino.

 Il flusso di superficie *(overland flow)* è l'acqua che attraversa la superficie del terreno prima di raggiungere un corso d'acqua. Il flusso laterale *(throughflow* o *lateral flow)* è il flusso dell'acqua che si verifica nel sottosuolo, prevalentemente nella zona insatura *(vadose zone)*. Il flusso sotterraneo *(groundwater flow)* è il flusso che avviene nella zona satura più profonda *(saturated zone)*. Il flusso del corso d'acqua proveniente dal suolo o dalla falda (flussi lenti) in assenza di precipitazioni viene chiamato flusso di base *(baseflow)*. Il deflusso diretto *(event flow* o *storm flow)* è il flusso risultante dalla risposta diretta ad un determinato evento meteorico di input.

Bibliografia

USGS. 2022. The Water Cycle. *https://www.usgs.gov/special-topics/water-science-school/science/water-cycle*

De Wiest RJM. 1965. *Geohydrology* (Wiley, ed.). New York.

2. Modellizzazione eco-idrologica

2.1 Introduzione

Il ciclo idrologico è un processo eterogeneo complesso che funziona in sinergia con i sistemi terrestri all'interno di un'ampia gamma di scale spaziali e temporali. Per la comprensione del ciclo idrologico e per la previsione degli eventi futuri legati alla gestione delle risorse idriche, gli idrologi si avvalgono di modelli, che sono rappresentazioni semplificate della realtà. I modelli possono essere classificati come fisici, analogici o matematici. Tralasciando i modelli analogici e fisici, oramai desueti e non più utilizzati, oggigiorno gli idrologi utilizzano i modelli matematici data la loro vasta possibilità di applicazione e sviluppo mediante i computer. Un modello di simulazione eco-idrologica è pertanto un sistema o algoritmo matematico che ha lo scopo di riprodurre fedelmente o sinteticamente gli aspetti essenziali del funzionamento del ciclo idrologico. Il linguaggio rigoroso della matematica consente di organizzate in una struttura logico-concettuale un insieme di equazioni che collega tutti gli input e gli output del ciclo idrologico. L'introduzione dei computer e dell'informatica nello studio dell'eco-idrologia ha permesso di gestire razionalmente l'input, l'output e la manipolazione dei dati a livello di bacino idrografico. Grazie a questi modelli è inoltre possibile simulare sottoforma di sistemi completi i problemi complessi come analisi della frequenza delle piene, la gestione dei grandi bacini fluviali, la progettazione delle reti di drenaggio.

L'evoluzione tecnologica che lega la modellistica eco-idrologica, i sistemi GIS e i dati aperti (*open data*) ha reso disponibili nuovi ed accurati dataset geospaziali relativi a topografia, variabili meteoclimatiche, suoli e uso del suolo, dati telerilevati, cambiamenti climatici e altri dati territoriali, rendendo così più agevole l'approccio alla comprensione dei sistemi idrologici complessi, aprendo una nuova era nel campo dell'idrologia.

2.2 Modelli di simulazione

I modelli idrologici sono progettati per studiare il funzionamento del flusso idrologico e/o prevederne il comportamento. Questi modelli includono i dati di input, le equazioni di governo che descrivono i processi fisico-chimici nello spazio e nel tempo, le condizioni al contorno e i parametri, i processi del modello e gli output. Essendo orientati al calcolo del bilancio idrologico sono detti anche modelli di afflusso-deflusso (*rainfall-runoff*) in quanto stimano quanto della quota di acqua in ingresso, derivante dalle precipitazioni, si trasforma in deflusso. Inizialmente sono stati ideati come modelli idrologici in grado di descrivere il solo deflusso superficiale e le variazioni nel tempo. Poiché l'acqua è il *driver* di tutti i processi fisico-chimici e biologici a scala di bacino, nel tempo si sono evoluti al fine di stimare altre componenti come i carichi di sedimenti, i nutrienti, i fitofarmaci, sostanze chimiche e altri parametri relativi alla qualità dell'acqua, diventando di fatto modelli eco-idrologici. Questi modelli possono essere classificati in base a un'ampia gamma di caratteristiche e in relazione agli scopi per cui sono stati ideati. Una prima classificazione differenzia i modelli in base alla loro struttura concettuale in tre tipologie generali (Tabella 2.1) secondo quanto suggerito dall'agenzia Americana per la protezione dell'ambiente (*U.S. Environmental Protection Agency* – EPA) (EPA, 2017).

Tabella 2.1 Confronto dei modelli di deflusso in base alla struttura concettuale.

	Empirici	Concettuali	Fisici
Metodo	Relazione non lineare tra ingressi e uscite, *black-box*	Equazioni semplificate che rappresentano i flussi d'acqua, *gray-box*	Leggi fisiche ed equazioni basate su risposte idrologiche reali, *white-box*
Punti di forza	Numero ridotto di parametri, tempo di esecuzione veloce	Struttura del modello semplice, facile da calibrare	Incorpora variabilità spaziale e temporale, alta risoluzione
Debolezza	Nessun collegamento fisico tra bacini, distorsione dati input	Non considera la variabilità spaziale all'interno del bacino	Necessita di un gran numero di parametri di calibrazione
Migliore utilizzo	In bacini non monitorati	Con dati e tempo di calcolo limitati	Con disponibilità di dati di dettaglio
Esempi	Reti neurali artificiali, *curve number*	HBV, SAC-SMA, Tank	SWAT, KINEROS, MIKE SHE

La classificazione dei modelli in base alla struttura fisico-concettuale li differenzia in modelli empirici, modelli concettuali e modelli fisicamente basati. I modelli empirici, chiamati anche modelli *black-box* o *data-driven*, utilizzano relazioni statistiche non lineari tra input e output (senza alcun riferimento ai processi fisici) e poco si conosce sui processi interni che controllano il deflusso. Questi modelli dipendono fortemente dall'accuratezza dei dati di input. Questi modelli sono utilizzati con successo quando si ha scarsa disponibilità di dati di input, quando non c'è necessità di calcolare tutte le componenti del bilancio, e quando bisogna modellizzare il deflusso su lunghi step temporali del passato.

I modelli concettuali, chiamati anche modelli *gray-box*, considerano il deflusso sulla base di relazioni empiriche osservate o presunte tra diverse variabili idrologiche. Questi modelli rappresentano l'equazione del bilancio idrico con la conversione delle precipitazioni verso le componenti di deflusso, evapotraspirazione e acque sotterranee. Ogni componente nell'equazione del bilancio idrico è stimata da equazioni matematiche che distribuiscono le uscite sulla base dei dati di ingresso delle precipitazioni. Questi modelli sono utilizzati con successo quando non si vuole entrare nel dettaglio dei processi fisici che governano il bilancio, e quando non si hanno molti dati a disposizione e si intente velocizzare i tempi di calcolo.

I modelli fisici, chiamati anche modelli *white-box*, descrivono dettagliatamente e realisticamente i processi idrologici risolvendo equazioni differenziali che descrivono le leggi fisiche di conservazione di massa, energia e quantità di moto. Queste equazioni sono risolte su una struttura geografica a griglia che rappresenta un dominio spaziale dove sono rappresentate in dettaglio le connessioni tra gli elementi del bacino e le risposte idrologiche nel bacino idrografico stesso. Pertanto, i modelli fisici sono spesso chiamati modelli idrologici distribuiti (Liu *et al.*, 2017). Questi modelli hanno lo svantaggio di richiedere un numero elevato di parametri necessari per la loro messa a punto e per la calibrazione, limitandone l'uso ad aree dotate di strumenti di misura.

Di contro però i modelli fisicamente basati consentono di dettagliare tutte le componenti del bilancio idrologico ad alta risoluzione spaziale e temporale e di rappresentare in dettaglio anche altre componenti come nutrienti, solidi sospesi e inquinanti.

Un'altra classificazione dei modelli individua tre tipologie (Tabella 2.2) basate sulla rappresentazione del dominio spaziale del bacino idrografico per tener conto della variabilità della topografia, dei suoli e della vegetazione nei processi di afflusso-deflusso (EPA, 2017).

Tabella 2.2 Confronto dei modelli di deflusso in base alla rappresentazione spaziale.

	Aggregati	**Semi-distribuiti**	**Distribuiti**
Metodo	Variabilità spaziale non considerata, unica unità, *lumped*	Variabilità spaziale parzialmente considerata	Variabilità spaziale considerata in dettaglio
Inputs	Dati di input mediati per tutto il bacino	Dati di input mediati per ogni sotto area	Dati di input per cella di rappresentazione
Punti di forza	Tempi di calcolo veloci, idoneo per condizioni medie	Rappresentazione delle caratteristiche principali del bacino	Rappresentazione processi idrologici aderente alla realtà
Debolezza	Bassa risoluzione spaziale, non idoneo in aree vaste	Medie dei dati nei sottobacini, perdita di risoluzione spaziale	Maggior sforzo di calcolo, dati di dettaglio
Esempi	Machine learning	TOPMODEL, SWAT	MIKE SHE

La classificazione dei modelli in base alla rappresentazione geospaziale li differenzia in modelli aggregati, modelli semi-distribuiti e modelli distribuiti (Figura 2.1). I modelli aggregati, chiamati anche modelli *lumped*, considerano il bacino idrografico come un'unica unità omogenea dove la variabilità spaziale dei parametri del bacino idrografico non viene presa in considerazione in quanto vengono utilizzati i valori medi per la sua rappresentazione.

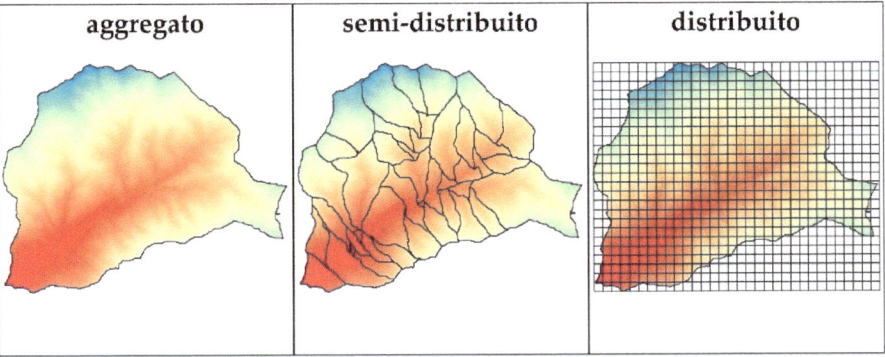

Figura 2.1 Rappresentazione spaziale dei modelli. Fonte: nostra elaborazione.

In questi modelli viene calcolato un unico valore del deflusso nel punto di uscita del bacino idrografico. Per questo motivo, i modelli aggregati simulano in modo adeguato il deflusso medio con tempi di calcolo rapidi, hanno però lo svantaggio di avere una bassa risoluzione e risultano inadeguati in bacini idrografici complessi di medie o grandi dimensioni.

I modelli semi-distribuiti, invece, suddividono il bacino idrografico in sotto unità omogenee individuate sulla base di vari criteri (rappresentatività di uso del suolo, suolo e topografia, estensione e lunghezza della rete idrografica, ecc.).

All'interno di queste aree le precipitazioni in ingresso vengono considerate omogeneamente o mediate, e pertanto rappresentano una via di mezzo tra i modelli concentrati e quelli distribuiti. Le sotto aree individuate dal modello rappresentano sostanzialmente le unità minime in cui viene calcolato il bilancio idrologico e l'instradamento dei deflussi superficiali e sotterranei verso la sezione di chiusa di ogni sotto area. I modelli semi-distribuiti considerano anche la variabilità spaziale presente all'interno del bacino utilizzando meno dati e meno parametri rispetto ad un modello distribuito. Nonostante ciò, modelli di questo tipo mantengono una struttura agile e tempi di calcolo rapidi come nei modelli aggregati. I modelli idrologici distribuiti sono quelli più complessi in quanto catturano tutta l'eterogeneità spaziale dell'area simulata e considerano integralmente i dati di input calcolando il bilancio idrologico all'interno di una singola cella elementare o *cell grid* (Figura 2.1). Ogni cella ha una risposta idrologica distinta ed è calcolata separatamente, ma incorpora le interazioni con le celle confinanti, ed è pertanto possibile rappresentare molto accuratamente i processi idrologici. Il deflusso viene instradato da cella a cella e da queste alla rete idrografica sulla base della quota altimetrica e di equazioni che descrivono il moto dell'acqua nel sistema suolo-pianta-atmosfera. La risoluzione della cella influisce direttamente sulla complessità della variazione spaziale che sarà integrata nel modello. Questi modelli consentono non solo di descrivere al meglio il bilancio idrologico, ma anche il trasporto di tutto ciò che si sposta con l'acqua come le sostanze nutritive e le sostanze inquinanti. Di contro hanno lo svantaggio che sono difficili da applicare a causa dell'elevato numero di dati di input necessario e della laboriosità necessaria in fase di calibrazione.

2.3 Step di modellazione

I modelli eco-idrologici sono una astrazione e semplificazione dei processi che avvengono a scala di bacino, pertanto, anche i loro risultati sono una descrizione approssimata di questi processi. Inoltre, le simulazioni idrologiche e le prestazioni del modello sono influenzate dal tipo di modello scelto e dalla scala di dettaglio dei dati di input.

In linea di massima, il modello migliore è quello che fornisce risultati vicini alla realtà utilizzando il minor numero di parametri e che ha minore complessità di calcolo.

La scelta del modello in relazione alle finalità dello studio è molto importante, ma sicuramente risulta decisiva la disponibilità di dati di input per il successo e l'accuratezza dei risultati finali.

A prescindere dal tipo di modello da impiegare, la cui scelta si basa fondamentalmente sulle caratteristiche del sistema da studiare, dagli obiettivi da raggiungere e dalla disponibilità e accessibilità dei dati. Le fasi dell'analisi di simulazione di un bacino idrografico seguono generalmente la sequenza suggerita da Bedient *et al.*, (2013) come indicato in Tabella 2.3.

Tabella 2.3 Step logici da seguire nella modellizzazione eco-idrologica.

	Step
1	Selezione del modello in base agli obiettivi dello studio, alle caratteristiche del bacino, alla disponibilità e accessibilità dei dati
2	Acquisire tutti i dati di input necessari: dati pluviometrici, DEM, uso del suolo, pedologia, rete idrografica, dati di portata, dati ancillari
3	Valutare e perfezionare gli obiettivi dello studio in termini di simulazioni da eseguire in varie condizioni
4	Scegliere i metodi per determinare la dimensione dei sottobacini e l'ampiezza della rete idrografica
5	Eseguire analisi di sensibilità sui dati utilizzati
6	Calibrare il modello utilizzando dataset affidabili (portate, evapotraspirazione, ecc.) possibilmente multi-sito. Validare il modello mantenendo gli stessi parametri di calibrazione
7	Eseguire simulazioni del modello utilizzando varie condizioni di utilizzo del territorio (uso del suolo, dati climatici, ecc.)
8	Valutare l'utilità del modello e i possibili cambiamenti o le modifiche necessarie

Nella Parte Seconda di questo testo viene illustrata una procedura di modellizzazione con SWAT+ per un bacino idrografico in Italia con dati reali. La disponibilità di dati di input in Italia è molto alta e variegata per tipologie e risoluzioni. Tuttavia, lo Step 2 indicato in Tabella 2.3 relativo alla acquisizione dei dati potrebbe limitare l'applicazione del modello per alcuni areali a causa della scarsa o nulla disponibilità di alcune tipologie di dato, come per esempio per i dati di portata e per i dati pedologici. Nel caso in cui non vi sia disponibilità di dati con sufficiente accuratezza e ampiezza del dataset, bisogna valutare delle strategie alternative al fine di sopperire a queste carenze.

Per esempio, nel caso di assenza di dati pedologici di dettaglio su scala locale si può optare per l'utilizzo di un dataset a minore scala di dettaglio a copertura nazionale, europea o mondiale. Nel caso invece di assenza di dati meteo locali registrati da stazioni meteorologiche al suolo si può optare per l'utilizzo di dataset meteo-climatici di rianalisi. La scelta di utilizzare dei dataset alternativi di minore dettaglio potrebbe rendere meno accurato il modello, ma consente comunque di completare con successo la simulazione. Nel Capitolo 6 vengono descritti in dettaglio i dataset, le risoluzioni e i formati di dati da utilizzare con SWAT+, nonché varie fonti di dati da utilizzare per costruire o integrare i dataset.

 La modellazione degli eventi idrologici si basa sul concetto di conservazione della massa per cui si ritiene che la densità di massa d'acqua nel sistema (volume di controllo) in un tempo definito è costante. Su questo concetto si basa l'equazione generale di conservazione per cui: Variazione = quantità in entrata − quantità in uscita. Le equazioni del bilancio idrico sono applicate alla massa d'acqua che si muove attraverso le varie sezioni del ciclo idrologico.

Bibliografia

Bedient PB, Huber WC, Vieux BE. 2013. *Hydrology and floodplain analysis*. Prentice Hall.

EPA. 2017. An Overview of Rainfall-Runoff Model Types Available at: www.epa.gov/research

Liu Z, Wang Y, Xu Z, Duan Q. 2017. Conceptual Hydrological Models. In *Handbook of Hydrometeorological Ensemble Forecasting*Springer Berlin Heidelberg: Berlin, Heidelberg; 1–23. DOI: 10.1007/978-3-642-40457-3_22-

3. Calibrazione, sensibilità e validazione

3.1 Introduzione

Prima che i modelli eco-idrologici e i loro risultati possano essere considerati affidabili e utilizzabili, è essenziale condurre una rigorosa verifica per garantirne la robustezza, la solidità scientifica e la capacità di riprodurre i risultati in modo coerente. Questi aspetti assumono un'importanza ancora maggiore quando si considera l'applicazione dei risultati modellistici nel contesto della gestione sostenibile dei bacini idrografici. A tale scopo, vengono attuati diversi processi fondamentali: l'analisi di sensibilità, la calibrazione e la validazione. Questo capitolo si propone di esaminare i principi chiave di questi processi nella modellazione eco-idrologica.

La calibrazione è il processo mediante il quale si perfezionano i parametri del modello al fine di ottenere una simulazione coerente con i dati osservati, cercando di ridurre al minimo la discrepanza tra i dati simulati e quelli misurati.

L'analisi di sensibilità, a sua volta, costituisce un tassello essenziale nella modellazione idrologica, in quanto consente di identificare i parametri che influenzano in modo più significativo i risultati del modello, orientando così gli sforzi di calibrazione in modo mirato.

Infine, la validazione è il processo mediante il quale si valutano le prestazioni del modello, una volta che è stato calibrato, al fine di determinare quanto accuratamente riesce a rappresentare il comportamento reale del sistema idrologico. Questo capitolo fornirà una accurata esposizione delle principali metodologie e tecniche utilizzate per la calibrazione, l'analisi di sensibilità e la validazione dei modelli idrologici. L'obiettivo è offrire al lettore una comprensione completa di queste tecniche per un'applicazione efficace nella modellazione eco-idrologica, contribuendo così all'avanzamento della gestione sostenibile delle risorse idriche e alla previsione accurata degli eventi idrologici.

3.2 Protocollo di modellazione

I modelli dedicati alla modellazione idrologica e all'analisi della qualità dell'acqua assumono un ruolo sempre più cruciale nella gestione del territorio. Essi consentono di valutare l'impatto dell'uso del suolo, delle condizioni climatiche e delle strategie di conservazione delle risorse idriche. Questi strumenti risultano fondamentali per comprendere le dinamiche ecologiche e, in generale, per analizzare i molteplici servizi ecosistemici associati all'acqua. Tuttavia, prima che i modelli idrologici e i loro risultati possano essere considerati affidabili e utilizzabili, è essenziale condurre delle verifiche rigorose per produrre risultati coerenti e solidi dal punto di vista scientifico. In sostanza, questa verifica passa attraverso un protocollo di modellazione mediante processi di **calibrazione, analisi di sensibilità e validazione** (Refsgaard, 1997).

La calibrazione implica la regolazione dei valori dei parametri di input, delle condizioni iniziali e dei parametri di contorno all'interno di intervalli accettabili, per ottenere una stretta corrispondenza tra i risultati simulati e le osservazioni effettive delle variabili.

L'analisi di sensibilità consiste nel calcolare il tasso di variazione dell'output del modello in risposta alle variazioni dei suoi input, ossia dei parametri. Questo processo serve per individuare i parametri più importanti (e il loro range ottimale), ma anche quelli meno importanti o trascurabili che nel complesso influenzano la bontà del modello. Tuttavia, è sempre possibile saltare questa fase utilizzando parametri che siano entro i loro valori standard.

La validazione comporta l'esecuzione del modello utilizzando i parametri di input misurati o determinati durante la fase di calibrazione. E' il processo mediante il quale si dimostra che un particolare modello utilizzato in una specifica area è in grado di condurre simulazioni ritenute sufficientemente accurate (U.S. EPA, 2002).

Nel complesso, il protocollo deve soddisfare tre requisiti fondamentali: produrre risultati coerenti con la realtà, cioè il modello deve essere congruente con i processi fisici; determinare parametri che siano in linea con le caratteristiche del bacino e generare risultati che siano riproducibili e indipendenti dall'operatore che esegue la calibrazione. Questo processo richiede un'attenta valutazione dell'accuratezza dei risultati e della simulazione del processo stesso, al fine di garantire una rappresentazione adeguata del bacino idrografico e dello scenario in esame.

Questo comporta la necessità di definire una **funzione obiettivo** che misuri le prestazioni del modello insieme all'utilizzo di indicatori di adattamento. La funzione obiettivo è una metrica o un indicatore per misurare quanto bene il modello riesce a rappresentare i dati osservati, ovvero i dati reali. Tali prestazioni sono misurate utilizzando dati misurati sulla base dei quali calibrare e validare il modello.

Si utilizza il cosiddetto *split-time approach* dove la calibrazione e la validazione vengono eseguite per almeno un punto di misurazione (almeno le portate, se disponibili anche sedimenti, nutrienti, ecc.) dividendo i dati in due archi temporali indicati come *training and test samples*. Il dataset deve possedere una qualità adeguata, ovvero deve essere sufficientemente ampio, omogeneo e completo. Viene poi suddiviso in dataset di calibrazione e validazione per assicurarne l'indipendenza reciproca.

Mediante l'algoritmo di calibrazione si esegue un processo iterativo di ottimizzazione che gradualmente ricerca e regola i parametri del modello, seguendo il criterio da noi definito, a partire da un set iniziale di parametri. Laddove la disponibilità di dati lo consente, è sempre consigliabile fare una calibrazione e validazione multi-sito (diverse stazioni di misura) e multi-variabile (portate, sedimenti, nutrienti, ecc.).

La valutazione delle prestazioni del modello, essenziale per confrontare l'output con le osservazioni effettive, può essere eseguita in vari modi. Può prevedere una semplice comparazione visiva tra grafico dei dati simulati e quelli osservati, oppure l'utilizzo di diverse funzioni obiettivo tra quelle ampiamente documentate nella letteratura scientifica.

Nonostante l'esistenza di svariate direttive e protocolli deputati alla convalida dei modelli eco-idrologici, ancora non sussiste un consenso universale tra gli esperti in merito a un quadro guida globalmente accettato. Al contrario, si è assistito all'elaborazione e all'utilizzo di metodologie statistiche e parametri di valutazione delle prestazioni specifici, adattati in base alle caratteristiche del bacino idrografico oggetto di studio, agli obiettivi di modellazione prescelti e alle risorse dati a disposizione.

3.3 Indicatori di adattamento (*goodness-of-fit*)

La calibrazione di un modello eco-idrologico mediante indicatori sulla idoneità a rappresentare i dati osservati (*goodness-of-fit*) prevede la minimizzazione della discrepanza tra dati osservati e simulati, minimizzando (identificando il valore più basso possibile) o massimizzando (identificando il valore più alto possibile) una funzione obiettivo. In linea di massima, gli indicatori di adattamento possono essere divisi in indicatori di prestazione o *performance* e di errore. Il valore ideale di un indicatore di *performance* è 1 e deve essere massimizzato come funzione obiettivo, mentre il valore ideale per quello di errore è 0 e deve essere minimizzato.

Indicatori di *performance*
I più noti ed utilizzati indicatori di *performance* sono:
- Coefficiente di determinazione (R^2)
- Indice di concordanza (d)
- Indice Nash-Sutcliffe Efficiency (NSE)
- Indice Kling-Gupta Efficiency (KGE)

Il coefficiente di determinazione (R^2) è la quantità di varianza dei dati osservati che viene spiegata dal modello. Il suo valore è sempre compreso tra 0 ed 1. Il coefficiente R^2 valuta quanto le singole osservazioni si discostano dalla retta di regressione, e pertanto un modello con R^2 maggiore sarà quello che avrà minori discrepanze tra i valori osservati e quelli attesi. R^2 è calcolato secondo la seguente equazione (1):

$$R^2 = \left[\frac{\sum_{i=1}^{n}(O_i - \bar{O})(P_i - \bar{P})}{\sqrt{\sum_{i=1}^{n}(O_i - \bar{O})^2}\sqrt{\sum_{i=1}^{n}(P_i - \bar{P})^2}} \right]^2 \tag{1}$$

Dove O_i e P_i rappresentano i valori osservati e simulati nell'intervallo di simulazione *i*, la barra in alto indica la media per l'intero periodo e *n* il numero totale di osservazioni (*time-step*).
Uno dei principali svantaggi del coefficiente R^2 è la sua eccessiva sensibilità

ai valori estremi (Althoff and Rodrigues, 2021), per cui la sua valenza informativa andrebbe sempre valutata in concomitanza con altri indicatori e mai utilizzato come unico indice di *performance*.

L'indice di concordanza (d) è stato proposto per superare gli inconvenienti dell'R^2 come le differenze tra le medie e le varianze osservate e previste. L'indice d è calcolato secondo la seguente equazione (2):

$$d = 1 - \frac{\sum_{i=1}^{n}|O_i - P_i|^j}{\sum_{i=1}^{n}(|O_i - \bar{O}| + |P_i - \bar{O}|)^j} \tag{2}$$

Dove O_i e P_i rappresentano i valori osservati e simulati nell'intervallo di simulazione i, j indica il valore dell'esponente, che nella forma originaria è uguale a 2, la barra in alto la media per l'intero periodo e n il numero totale di osservazioni (*time-step*). Anche per questo indice valgono le stesse considerazioni del coefficiente R^2.

L'indice Nash-Sutcliffe Efficiency (NSE) è l'indicatore di *performance* più diffuso e utilizzato negli studi eco-idrologici. È un indice normalizzato che determina la grandezza relativa della varianza simulata rispetto a quella misurata. NSE indica quanto il grafico dei dati osservati rispetto ai dati simulati si adatta alla linea 1:1. Il suo valore è compreso tra -∞ ed 1. NSE è calcolato secondo la seguente equazione (3):

$$NSE = 1 - \frac{\sum_{i=1}^{n}|O_i - P_i|^2}{\sum_{i=1}^{n}|O_i - \bar{O}|^2} \tag{3}$$

Dove O_i e P_i rappresentano i valori osservati e simulati nell'intervallo di simulazione i, la barra in alto la media per l'intero periodo e n il numero totale di osservazioni. La simulazione del modello per le portate è soddisfacente quando NSE > 0.5, mentre valori negativi indicano discordanza nel modello.

L'indice Kling-Gupta Efficiency (KGE) rappresenta un passo avanti nella valutazione delle prestazioni dei modelli idrologici rispetto all'indice NSE, che ha dimostrato di avere alcune limitazioni nella sottostima dei picchi delle portate simulate. KGE ha un valore compreso tra -∞ ed 1 ed è calcolato secondo la seguente equazione (4):

$$KGE = 1 - \sqrt{(r-1)^2 + \left[\left(\frac{\delta s}{\delta o}\right) - 1\right]^2 + + \left[\left(\frac{\hat{S}}{\bar{O}}\right) - 1\right]^2} \qquad (4)$$

Dove r è il coefficiente di correlazione lineare, δs e δo sono la deviazione standard dei dati simulati e osservati, mentre $\hat{S}$ e $\bar{O}$ rappresentano il valore medio simulato e osservato.

L'indice KGE e le sue varianti hanno dimostrato di essere metriche promettenti nella valutazione dei modelli idrologici. Questo perché vanno oltre la semplice valutazione della correlazione tra dati osservati e simulati, considerando anche la variabilità nella deviazione standard e nei valori medi dei dati. Questo approccio offre una valutazione più completa e dettagliata delle prestazioni dei modelli, rendendolo particolarmente adatto per contesti idrologici complessi.

Indicatori di errore

I più noti ed utilizzati indicatori di errore sono:

- Indice Percentage model Bias (PBIAS)
- Indice Root Mean Squared Error (RMSE)
- Indice Mean Absolute Error (MAE)

L'indice Percentage model Bias (PBIAS) rappresenta la tendenza media del dato simulato a discostarsi dal dato osservato espressa in percentuale. Il suo valore è compreso tra -∞ e +∞, valore ideale dell'indice è 0; valori negativi indicano una sottostima del modello, mentre valori positivi una sovrastima. PBIAS è calcolato secondo l'equazione (5):

$$PBIAS = 1 - \left[\frac{\sum_{i=1}^{n}(P_i - O_i) * 100}{\sum_{i=1}^{n} O_i}\right] \qquad (5)$$

Dove O_i e P_i rappresentano i valori osservati e simulati all'intervallo di simulazione i.

L'indice **root mean squared error (RMSE)** si calcola come radice quadrata della media dei quadrati degli errori tra i dati previsti ed osservati. L'RMSE fornisce una stima della dispersione o della differenza tra i valori previsti e quelli osservati, dove valori più bassi indicano una migliore adattamento del modello ai dati osservati. Il suo valore è sempre positivo ed è compreso tra 0 e +∞. RMSE è calcolato secondo la seguente equazione (6):

$$RMSE = \sqrt{\frac{\sum_{i=1}^{n}(P_i - O_i)^2}{n}} \qquad (6)$$

Dove O_i e P_i rappresentano i valori osservati e simulati nell'intervallo di simulazione i, n indica il numero totale di osservazioni.

L'indice **Mean Absolute Error (MAE)** è la media delle differenze assolute tra i valori previsti e quelli osservati. In sostanza, MAE fornisce una stima dell'errore medio in termini assoluti, senza considerare la direzione degli errori. Un MAE più basso indica una maggiore precisione del modello nella previsione dei dati. Il suo valore è sempre positivo ed è compreso tra 0 e +∞. MAE è calcolato secondo la seguente equazione (7):

$$MAE = \frac{\sum_{i=1}^{n}|P_i - O_i|}{n} \qquad (7)$$

Dove O_i e P_i rappresentano i valori osservati e simulati nell'intervallo di simulazione i, n indica il numero totale di osservazioni.

Come accennato in precedenza, la comparazione visiva dei grafici dei risultati della modellazione può essere utile per valutare la qualità del modello. I metodi grafici evidenziano le discrepanze tra i valori osservati e quelli misurati direttamente. A questo scopo, è possibile impiegare diverse rappresentazioni visive, tra cui le serie temporali, i diagrammi a scatola (o *box-plot*), e i grafici a dispersione (o *scatter-plots*) (Figura 3.1).

Per un approfondimento sui dettagli relativi agli indicatori di adattamento, alle metodologie grafiche e alle relative implicazioni positive e negative, si veda il contributo di Moriasi *et al.*, (2015).

Tabella 3.1 Criteri di valutazione delle prestazioni per gli indicatori di *performance* raccomandati per i modelli a scala di bacino.

Indic.	Output[1]	Scala[2]	Performance			
			Molto buono	**Buono[3]**	**Soddisfac.**	**Non soddisfac.**
R[2]	portate	g-m-a	> 0.85	0.75 < I ≤ 0.85	0.60 < I ≤ 0.75	≤ 0.60
	sed./P	m	> 0.80	0.65 < I ≤ 0.80	0.40 < I ≤ 0.65	≤ 0.40
	N	m	> 0.70	0.60 < I ≤ 0.70	0.30 < I ≤ 0.60	≤ 0.30
NSE	portate	g-m-a	> 0.80	0.70 < I ≤ 0.80	0.50 < I ≤ 0.70	≤ 0.50
	sed.	m	> 0.80	0.70 < I ≤ 0.80	0.45 < I ≤ 0.70	≤ 0.45
	N/P	m	> 0.65	0.50 < I ≤ 0.65	0.35 < I ≤ 0.50	≤ 0.35
PBIAS (%)	portate	g-m-a	< ±5	±5 ≤ I < ±10	±10 ≤ I < ±15	≥ ±15
	sed.	g-m-a	< ±10	±10 ≤ I < ±15	±15 ≤ I < ±20	≥ ±20
	N/P	g-m-a	< ±15	±15 ≤ I < ±20	±20 ≤ I < ±30	≥ ±30

Tabella riadattata da Moriasi et al., (2015).
[1] sed., P e N indicano rispettivamente i sedimenti, il fosforo e l'azoto.
[2] g, m ed a indicano rispettivamente le scale temporali giornaliera, mensile e annuale.
[3] I indica l'indicatore considerato.

In Tabella 3.1 sono riportati i principali criteri di valutazione delle *performance* raccomandati per gli indicatori R^2, NSE e PBIAS per i diversi output di un modello eco-idrologico a scala di bacino a diverse scale spaziali e temporali come suggerito da Moriasi *et al.*, (2015). Si evidenzia che le prestazioni del modello possono essere ritenute soddisfacenti per le simulazioni delle portate se NSE > 0.5, R^2 > 0.6 e PBIAS compreso tra ±10% e ±15%.

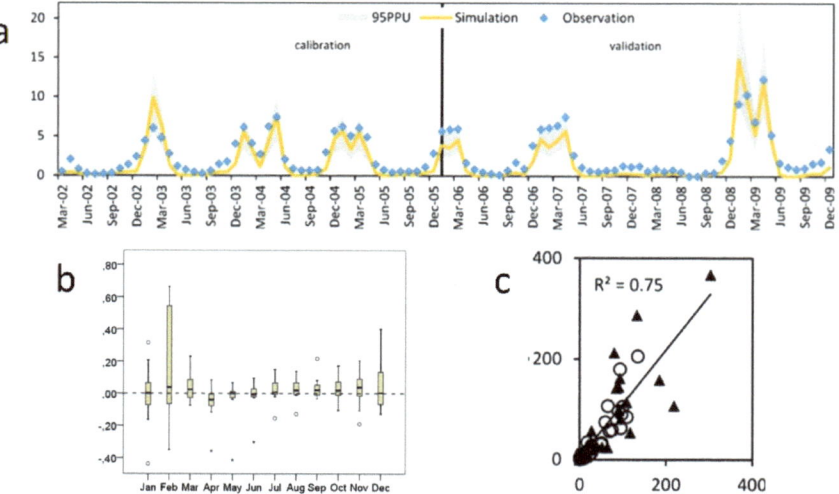

Figura 3.1 Grafici di alcuni risultati di modellazione rappresentati come a) serie temporali, b) *box-plot* e c) *scatter-plot*.

I criteri di valutazione nella tabella si applicano sia alla fase di calibrazione che a quella di validazione dei modelli. È consigliabile utilizzare dati osservati di calibrazione e validazione a scale spaziali e temporali coerenti con i calcoli del modello. Inoltre, si consiglia di valutarne l'affidabilità, la coerenza, ed eventuali lacune temporali nel dataset, anche mediante rappresentazione grafica dei quantili per individuare eventuali scostamenti dalla distribuzione normale tra dati simulati e misurati.

Come indicato da Moriasi *et al.,* (2015) questi valori possono essere modificati in modo da essere più o meno rigorosi in base a considerazioni sulla qualità e sulla quantità dei dati misurati disponibili, sulle scale spaziali e temporali, sulla portata, nonché sull'entità e lo scopo del progetto.

Infine, si deve considerare che i modelli eco-idrologici possono essere influenzati da diverse fonti di errore, e questi possono influire sull'ampiezza degli indicatori di errore. Una prima fonte di errore è dovuta all'incertezza nei dati di input, come la qualità delle informazioni climatiche, geografiche, o del suolo.

Un'altra fonte è insita in errori concettuali nei modelli, come per esempio assunzioni non realistiche o non adeguatamente rappresentative dei processi naturali simulati. Una terza fonte risiede nelle condizioni iniziali di parametrizzazione dei fenomeni simulati, ed infine l'incapacità di catturare completamente i cambiamenti ambientali nel tempo può causare errori dovuti alla non-stazionarietà dei modelli eco-idrologici.

 Una corretta procedura di calibrazione e validazione dei modelli eco-idrologici prevede innanzitutto la calibrazione della componente idrologica, soprattutto riguardo alle portate anche in virtù della maggiore disponibilità di dati misurati dalle stazioni di misura. In seconda istanza si procede con i sedimenti, quindi si calibrano i componenti disciolti nell'acqua come azoto, fosforo, ossigeno, fitofarmaci, ecc. Le operazioni si eseguono normalmente con software specifici con gli applicativi SWATplus-CUP, SWAT+ Toolbox e SWATrunR, oppure si possono usare anche fogli di calcolo in Excel elaborando le formule dei più comuni indicatori sopra esposti.

Bibliografia

Althoff D, Rodrigues LN. 2021. Goodness-of-fit criteria for hydrological models: Model calibration and performance assessment. *Journal of Hydrology* **600**: 126674 DOI: 10.1016/j.jhydrol.2021.126674

Moriasi DN, Gitau MW, Pai N, Daggupati P. 2015. Hydrologic and Water Quality Models: Performance Measures and Evaluation Criteria.

Transactions of the ASABE **58** (6): 1763–1785 DOI: 10.13031/trans.58.10715

Refsgaard JC. 1997. Parameterisation, calibration and validation of distributed hydrological models. *Journal of Hydrology* **198** (1–4): 69–97 DOI: 10.1016/S0022-1694(96)03329-X

U.S. EPA. 2002. Guidance for Quality Assurance Project Plans for Modeling. EPA QA/G-5M. Report EPA/240/R-02/007. Washington, D.C.

4. Il modello SWAT+

4.1 Introduzione

Il modello *Soil and Water Assessment Tool* (SWAT) è un modello eco-idrologico di dominio pubblico sviluppato congiuntamente dall'*Agricultural Research Service – United States Department of Agriculture* (USDA-ARS) e dalla *Texas A&M AgriLife Research* dell'Università del Texas (Arnold *et al.*, 2012) ed è uno dei sistemi più utilizzati per la modellizzazione quali-quantitativa delle dinamiche idrologiche dei bacini idrografici.

SWAT è un software per la modellizzazione deterministica, a scala temporale giornaliera e sub-giornaliera continua e semi-distribuita a scala di bacino. Viene ampiamente utilizzato per simulare la qualità e la quantità delle acque superficiali e sotterranee, per monitorare l'inquinamento da fonti non puntuali (sedimenti, nutrienti, fitofarmaci) e per prevedere l'impatto ambientale dell'uso del suolo, delle pratiche di gestione del territorio (applicazione di fertilizzanti, lavorazioni, irrigazione) e dei cambiamenti climatici. Il modello SWAT è stato utilizzato anche da istituzioni e agenzie governative, sia negli Stati Uniti che dall'Unione Europea, come strumento di supporto alla gestione dei bacini idrografici e allo sviluppo di politiche ambientali. Le origini di SWAT possono essere ricondotte a modelli sviluppati in precedenza dall'USDA-ARS, tra cui il modello per l'erosione *the Chemicals, Runoff, and Erosion from Agricultural Management Systems* (CREAMS), il modello di simulazione dei fitofarmaci *the Groundwater Loading Effects on Agricultural Management Systems* (GLEAMS), e il modello di crescita colturale *the Environmental Impact Policy Climate* (EPIC).

L'attuale struttura di SWAT deriva dal modello *the Simulator for Water Resources in Rural Basins* (SWRRB), originariamente sviluppato agli inizi degli anni '80 per simulare l'impatto della gestione del movimento dell'acqua e dei sedimenti in piccoli bacini non strumentati (Figura 4.1).

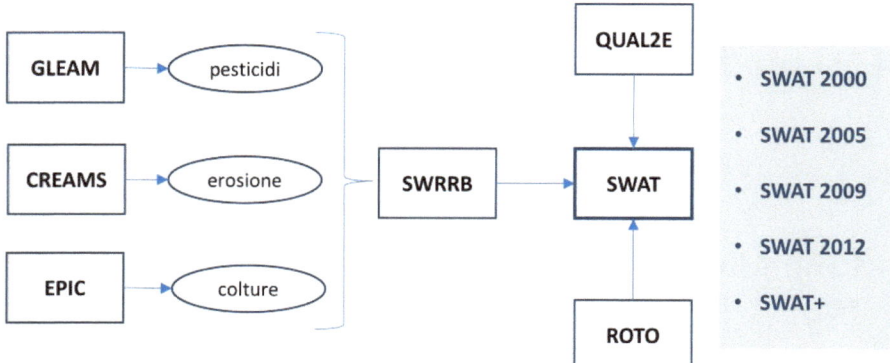

Figura 4.1 Sviluppo delle componenti modellistiche integrate in SWAT. Fonte: nostra elaborazione.

A questo modello si sono aggiunte negli anni '90 le componenti del modello sul trasporto del deflusso *the Routing Outputs to Outlet* (ROTO), e del modello sulla qualità delle acque QUAL2E. Il successo delle varie versioni da SWAT2000 fino all'attuale evoluzione di SWAT+ (Figura 4.1) è coincisa con lo sviluppo e l'integrazione del modello all'interno di applicativi GIS, sia commerciali che *open source*, come ArcGIS e QGIS.

Il modello SWAT è fisicamente basato, è efficiente dal punto di vista dell'elaborazione dati, e opera su archi temporali di riferimento (*time-step*). Il software del modello è scritto in linguaggio FORTRAN e le varie distribuzioni sono compilate con Intel FORTRAN.

In SWAT, un bacino idrografico viene suddiviso in più sottobacini, che sono poi ulteriormente suddivisi o disaggregati in unità chiamate *Hydrologic Response Units* (HRUs), ovvero unità areali omogenee risultanti dalla combinazione univoca di pedologia, uso del suolo, pendenza e sottobacino. All'interno delle HRU avvengono i calcoli con gli algoritmi di base per simulare i processi idrologici che si verificano nel bacino.

I risultati generati dal bilancio idrologico nelle HRU sono riportati sull'intero bacino, sui sottobacini e sulla rete idrografica fino alla sezione di chiusura. Dalla homepage del progetto (https://swat.tamu.edu/) è possibile scaricare le principali versioni e interfacce del software, i vari *tool* accessori, la documentazione di supporto, link a banche dati globali, nonché recuperare riferimenti a pubblicazioni, informazioni su conferenze ed eventi e indicazioni sui gruppi di discussione per lo scambio di informazioni.

4.2 SWAT+, la versione rivista del modello

Negli ultimi 20 anni il modello SWAT è diventato uno dei modelli eco-idrologici più utilizzati nel mondo applicato in bacini idrografici con vari contesti geografici e climatici. Il gran numero di applicazioni in vari ambiti e settori ha anche rivelato i limiti del modello e ha evidenziato la necessità di sviluppo di un nuovo modello che si adattasse alle esigenze degli utenti e alla crescente disponibilità di dati e di capacità di calcolo dei computer. Infatti, le numerose aggiunte e modifiche del modello e dei suoi singoli componenti hanno reso il codice originario sempre più difficile da gestire e mantenere. Per affrontare le sfide presenti e future nella modellazione delle risorse idriche, negli ultimi anni il codice sorgente di SWAT è stato sottoposto a importanti modifiche che hanno portato allo sviluppo di una nuova versione denominata SWAT+ (Bieger *et al.*, 2017).

SWAT+ è la versione completamente rivista e migliorata che, seppur utilizzando le medesime equazioni e algoritmi di base di SWAT, presenta maggiore flessibilità nella configurazione per l'utente. In SWAT+ la struttura e l'organizzazione del codice (orientato agli oggetti) e dei file di input (basati su relazioni) hanno subito notevoli modifiche. La nuova organizzazione del codice facilita la manutenzione del modello, l'analisi e la visualizzazione dei dati, le future modifiche evolutive e favorisce la collaborazione con altri sviluppatori al fine di integrare nuove applicazioni e conoscenze scientifiche all'interno dei moduli di SWAT+.

Il cambiamento più importante riguarda l'introduzione del concetto di *Landscape Units* (LSUs), aggregazioni di HRU, utilizzate per la suddivisione ulteriore dei sottobacini. Le LSU consentono una rappresentazione spaziale più flessibile delle interazioni e dei flussi all'interno di un bacino, consentendo la separazione dei processi delle zone in pendio (*upland*) da quelli delle zone umide (*wetlands*). In SWAT+ le HRU, gli acquiferi, i canali, i laghi, gli stagni e gli ingressi puntuali sono oggetti spaziali separati, la cui interazione idrologica può essere definita dall'utente per rappresentare le caratteristiche del bacino nel modo più realistico possibile.

Inoltre, le aree identificate come acqua sono trattate come oggetti spaziali separati al fine di migliorare le interazioni con le altre HRU. Pertanto, in una LSU, oltre alle HRU, possono coesistere anche altri elementi puntuali come un acquifero, uno stagno o una sorgente puntuale. Inoltre, si possono simulare i processi delle acque sotterranee con il modello MODFLOW.

In SWAT+ ogni oggetto spaziale può essere connesso con un altro oggetto grazie ad uno specifico file di sistema di connessione. Questo può consentire all'utente di convogliare gli output della modellazione verso qualsiasi altro oggetto spaziale, a livello di LSU, HRU, canali o altri oggetti del bacino idrografico. Un'altra funzione introdotta con SWAT+ sono le tabelle decisionali (*decision tables*), utilizzabili per programmare attività che vengono eseguite solo quando si verificano determinate condizioni come l'irrigazione o le lavorazioni del terreno. Per quanto riguarda la struttura generale dei file di input di SWAT+, questi sono mantenuti in un database relazionale SQLite (nelle precedenti versioni veniva utilizzato Microsoft Access). In tutti i file di dati, c'è una riga per ogni oggetto spaziale e una colonna per ogni parametro che funge da chiave primaria ed esterna, che assicura la relazione con altre tabelle. In tale senso, ogni HRU è spazialmente connessa ad altre e queste agli altri oggetti del bacino. In un modello SWAT+ il numero totale di file necessari è indipendente dalle dimensioni e dal numero di oggetti spaziali del bacino. Bacini idrografici più grandi richiedono solo un maggior numero di righe per ciascun file di input. Tali file possono essere editati liberamente attraverso qualsiasi editor di testo o foglio di calcolo. Come per le precedenti versioni, QSWAT+ è il *plugin* per QGIS e viene utilizzato per la configurazione del progetto, per delineare il bacino idrografico, creare le HRU e per gestire la componente geografica dei file di input (Figura 4.2). SWAT+ Editor è l'interfaccia desktop del modello che applica gli algoritmi di modellazione, definisce le tabelle di input e

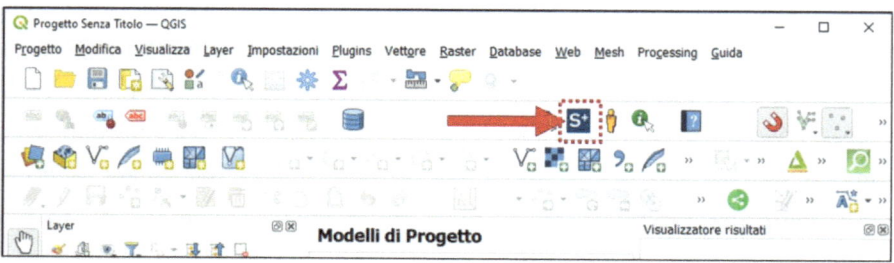

Figura 4.2 Interfaccia grafica di QGIS e il *plugin* di QSWAT+.

consente la configurazione, la parametrizzazione e l'esecuzione della simulazione. Il programma funziona su macchine a 64 bit (Microsoft Windows, Linux e MacOS), mentre per lo sviluppo sono state utilizzate varie componenti tecnologiche e software come Node.js, Electron, Vue.js 2.x, Bootstrap 4, Python 3.x, PyInstaller, SQLite, Peewee ORM.

Per una descrizione dettagliata di tutte le modifiche introdotte e per una sintesi dei principali vantaggi apportati in SWAT+ si veda il lavoro di Bieger *et al.*, (2017). Per la gestione del database si consiglia l'utilizzo del programma gratuito e *open source* SQLiteStudio, scaricabile da https://sqlitestudio.pl.

Il codice sorgente di QSWAT+ è disponibile all'indirizzo https://bitbucket.org/ChrisWGeorge/qswatplus3.

4.3 Configurazione in QSWAT+ e SWAT+ Editor

Il *plugin* di QSWAT+ e la relativa interfaccia grafica (Figura 4.2) viene attivato selezionando l'icona del *plugin* di SWAT+ presente nella *toolbar* di QGIS. Per l'installazione di QSWAT+ e l'attivazione del *plugin* si vedano i passaggi descritti nel Capitolo 7.

All'apertura del *plugin* gli utenti possono creare un nuovo progetto cliccando su **New Project**, possono aprire un progetto esistente cliccando su **Existing Project**, possono impostare le directory del progetto e alcuni parametri di modellazione cliccando su **QSWAT+ Parameters**, oppure possono visualizzare la versione del software cliccando su **About**. Gli utenti possono visualizzare gli step di modellazione solo a seguito della creazione di un nuovo progetto, oppure aprendo un progetto esistente.

Cliccando sul *box* "New Project" (Figura 4.3) verrà visualizzata una finestra per la definizione della cartella in cui salvare il nuovo progetto. Si può selezionare una cartella di destinazione, in genere nel percorso C:\SWAT\SWATPlus.

Nella finestra **Project Name** che appare a video si può inserire il nome del progetto, per esempio \Esempio_Progetto. Solo a questo punto saranno visibili nell'interfaccia di QSWAT+ i primi tre step di modellazione, ovvero:

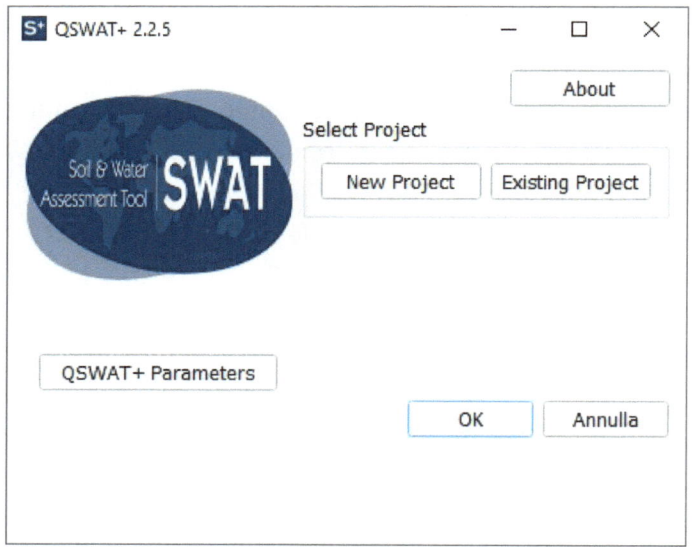

Figura 4.3 L'interfaccia di QSWAT+.

Step 1 - Delineate watershed, Step 2 - Create HRUs, Step 3 - Edit Inputs and Run SWAT+ (Figura 4.4).

In questa fase solo lo Step 1 è attivabile ed editabile. Il quarto step di modellazione, definito **Step 4 – Visualize** sarà visibile e azionabile solo dopo aver completato lo Step 3. L'interfaccia consente di controllare l'esecuzione

Figura 4.4 L'interfaccia di QSWAT+ con i tre step di modellazione.

del flusso di modellazione attraverso i quattro step sequenziali, descritti di seguito, oltre a consentire all'utente di esportare in formato tabellare alcuni risultati derivanti dalla delineazione del bacino idrografico e delle HRU.

Si noti che in calce viene visualizzato anche il percorso della cartella del progetto. In questa fase viene creato nella cartella del progetto anche il database chiamato `\Esempio_Progetto.sqlite` (prende il nome del progetto) e viene creata anche una copia del database di riferimento di SWAT chiamato `\swatplus_datasets.sqlite`. Nella cartella del progetto è possibile trovare anche il file di progetto di QGIS in formato `.qgs` nonché le cartelle `\Scenarios` e `\Watershed`.

Step 1 – Delineate watershed

Processo dedicato alla delineazione del bacino idrografico sul quale verrà realizzata la modellazione ed il calcolo del bilancio idrico. La procedura prevede l'utilizzo di un DEM dell'area di studio e l'utilizzo di funzioni specifiche per la delineazione dei canali di deflusso della rete idrografica.

Step 2 – Create HRUs

In questo step vengono introdotti nel sistema gli strati informativi Uso del Suolo e Pedologia (con annesso database pedologico) necessari per la suddivisione del bacino idrografico in HRU, le entità minime di modellazione in SWAT+. Tali unità sono definite sulla base delle possibili combinazioni dei parametri pedologia, uso del suolo e pendenza.

Step 3 – Edit Inputs and Run SWAT+

Step di modellazione dedicato all'inserimento del database meteo-climatico contenente le variabili per la simulazione. Questo step è slegato dalla componente GIS e consiste nell'utilizzo del modulo SWAT+ Editor, l'interfaccia desktop del modello, editabile anche senza aprire il progetto in QGIS. In questo step si definisce l'arco temporale della simulazione, che dipende dalla lunghezza temporale dei dati meteo-climatici.

Le variabili minime richieste sono precipitazione e temperatura giornaliera. Dati aggiuntivi sono la radiazione solare, l'umidità relativa e il vento.

In questo step vengono impostati anche altri parametri come la metodologia per il calcolo della evapotraspirazione e del ruscellamento superficiale, oltre alla componente modellistica (equazioni di modello).

Questi parametri influiscono sul bilancio idrologico, sul suolo, sulle colture e sul management del bacino. Il modello simula i risultati su scala giornaliera, mensile ed annuale, per tutto il bacino e le sue sottosezioni. I risultati sono esportabili in formato testo e come foglio di calcolo.

Step 4 – Visualize

È la sezione dedicata alla visualizzazione dei risultati della modellazione con tre possibili modalità: **Static maps** - crea uno *shapefile* della variabile selezionata; **Animated maps** - crea un video della variabile selezionata; **Plot** - crea un grafico della variabile selezionata, scegliendo tra le opzioni grafico/barre (*graph/bar chart*), curva di durata (*duration curve*), grafico a dispersione (*scatter plot*), diagramma a scatole (*box plot*).

L'utente può decidere il tipo di output (bacino, LSU, canale) e la variabile da visualizzare, ed effettuare un confronto con i dati reali osservati (per esempio evapotraspirazione, portate, solidi sospesi) (Figura 4.5) o evidenziare soltanto i dati di interesse. Inoltre, si possono creare delle mappe per una variabile selezionata da esportare in formato immagine con un *layout* di mappa già preimpostato.

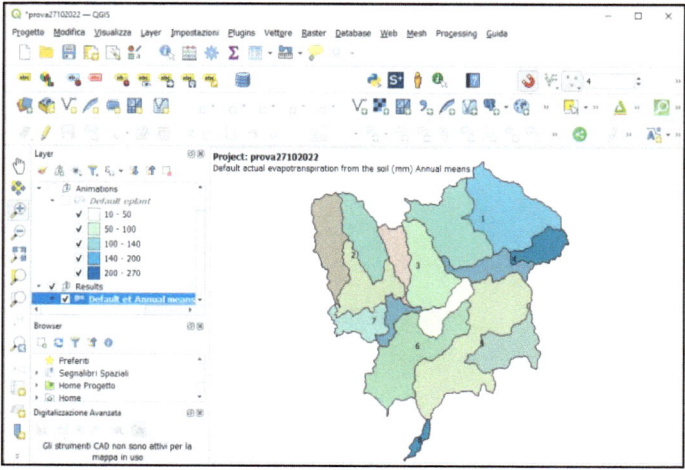

Figura 4.5 Visualizzazione statica dei risultati sulla mappa del bacino idrografico.

4.4 Gli output di SWAT+

Il modello SWAT+ è in grado di generare una ampia varietà di file di output relativi alle componenti:

- Bilancio idrologico, in mm (*water balance*)
- Bilancio dei nutrienti, in kg/ha (*nutrient Balance*)
- Perdite di nutrienti, in kg/ha, t/ha (*losses from the landscape*)
- Colture e meteo, in kg/ha, °C, giorni (*Plant and Weather*)
- Aquiferi, in mm, kg/ha (*Aquifer*)
- Canali, in m³/s, ton, mm (*Channel, Reservoir, and Wetland*)
- Sorgenti puntuali, scarichi acque reflue, in m³, ton, (*Point Source*)

Gli output si possono selezionare e stampare in SWAT+ Editor con un intervallo giornaliero, mensile, annuale e come media annuale, ed infine come somma totale divisa per il numero di anni di simulazione (Figura 4.6). Per alcune componenti del modello gli utenti possono scegliere se stampare i risultati per tutto il bacino idrografico (*Basin*), per HRU, per *Landscape Units* (LSU), o canale (*channel*). Tra le opzioni avanzate per l'utente c'è la possibilità di generare gli output in formato `.csv`.

Gli output di progetto vengono salvati nella cartella `C:\SWAT\.....\Scenarios\Default\TxtInOut` e vengono

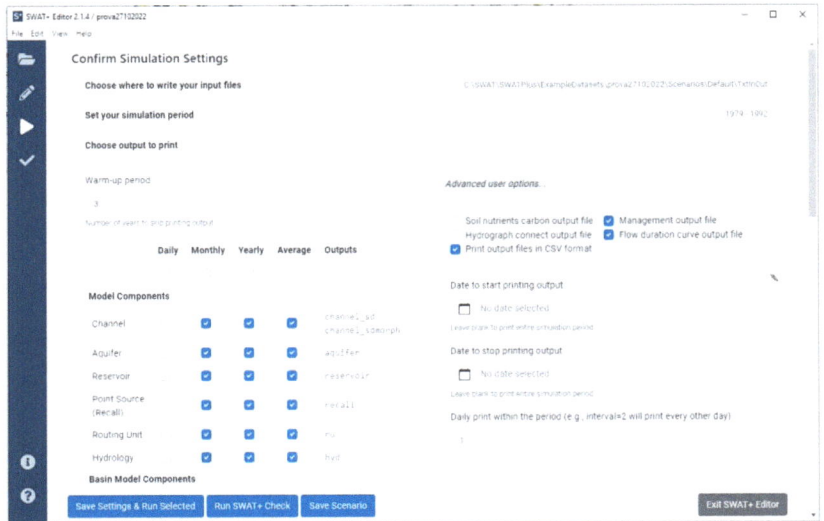

Figura 4.6 Componenti del ciclo idrologico stampabili in SWAT+ Editor.

memorizzati anche in un database SQLite in `C:\SWAT\.....\Scenarios\Default\Results`. Nella cartella Results vengono salvati in automatico i file in formato `.shp` creati nello **Step 4 – Visualize** risultanti dalla visualizzazione in mappa delle variabili.

Ogni variabile è riportata a seconda della sua unità di misura per l'intervallo temporale selezionato. Tutti gli output iniziano dopo gli anni saltati nel *warm-up period* durante il settaggio del modello. Il *warm-up period* è un periodo iniziale di prova in cui il modello viene fatto funzionare utilizzando dati storici per preparare il sistema idrologico simulato prima di iniziare a valutare le prestazioni del modello o a effettuare previsioni.

I file di output salvati nella cartella `\TxtInOut` utilizzano la stessa convenzione di denominazione che inizia con l'oggetto di modellazione (per esempio il bacino) seguito dal bilancio specifico (per esempio il bilancio idrico, il bilancio dei nutrienti, ecc.) e infine dal passo temporale (giorno - *day*, mese - *mon*, anno - *yr*, media annua - *aa*).

Il modello SWAT+ è compilato in lingua inglese, pertanto le abbreviazioni corrispondono a:

- wb: *water balance*
- nb: *nutrient balance*
- pw: *plant weather*
- ls: *losses*
- channel: *channel*

Ad esempio, il file di testo di output del bilancio idrologico medio annuale per l'intero bacino idrografico viene salvato come:

`\basin_wb_aa.txt`

dove *"basin"* indica l'oggetto bacino idrografico, *"wb"* indica il bilancio idrologico, *"aa"* indica la media annua. All'interno di questo file troviamo i risultati della simulazione con tutte le variabili simulate nel bilancio idrologico.

In Figura 4.7 è riportato un esempio di file di testo che riporta i risultati a scala di bacino di un bilancio idrologico come media annuale, ovvero `\basin_wb_aa.txt`. Diverse sono le variabili simulate dal modello che

```
basin_wb_aa.txt - Blocco note di Windows
File  Modifica  Formato  Visualizza  ?
prova27102022              SWAT+ Mar 18 2022    MODULAR Rev 2020.60.5.4
 jday  mon  day   yr    unit gis_id  name              precip    snofall    snomlt   surq_gen      latq
                                                           mm         mm        mm         mm         mm
  366   12   31  1992       1      1  prova27102022    647.517     0.000     0.000     48.907      6.567
```

Figura 4.7 Esempio di file di testo con le variabili simulate nel ciclo idrologico.

ritroviamo nei file di testo, tra cui: precipitazioni, neve, ruscellamento superficiale, percolazione, evapotraspirazione potenziale e reale, ecc.

Per una panoramica su tutti gli output del modello per componente di simulazione e per tutte le variabili simulate con le rispettive unità di misura si può fare riferimento al file disponibile all'indirizzo https://swatplus.gitbook.io/io-docs/.

Gli stessi risultati che vengono stampati nei file di testo e nei file .csv sono riportati in formato grafico per le varie componenti simulate e per le variabili più importanti anche all'interno di SWAT+ Editor nella finestra chiamata SWAT+ Check.

La Figura 4.8 riporta un esempio di alcune variabili del ciclo idrologico in uno schema grafico rappresentativo di una porzione di bacino. Tutti i valori sono in mm.

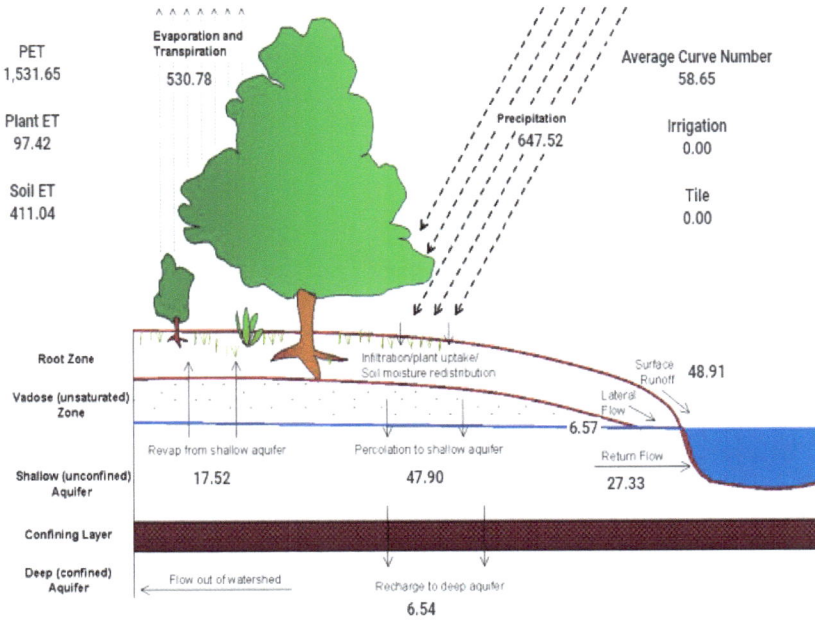

Figura 4.8 Esempio di variabili del ciclo idrologico modellizzate in SWAT+ Editor e visualizzate in SWAT+ Check.

In SWAT+ la prima simulazione del progetto viene salvata nella cartella
`\Default` al percorso:
`C:\SWAT\SWATPlus\ExampleDatasets\nomeprogetto\Scenarios\Defa`
`ult\`
In `\Default`, nella cartella `\TxtInOut` vengono salvati i file di testo, in
`\Results` il database in formato `.sqlite` e i file in formato `.shp`.

Bibliografia

Arnold JR, Kiniry R, Srinivasan R, Williams JR, Haney EB, Neitsch SL. 2012. Soil & Water Assessment Tool - Input/Output Documentation Version 2012. Texas Water Resources Institute. TR-439.

Bieger K, Arnold JG, Rathjens H, White MJ, Bosch DD, Allen PM, Volk M, Srinivasan R. 2017. Introduction to SWAT+, A Completely Restructured Version of the Soil and Water Assessment Tool. *JAWRA Journal of the American Water Resources Association* **53** (1): 115–130 DOI: 10.1111/1752-1688.12482

5. Applicazioni del modello SWAT+

5.1 Introduzione

Tra i modelli a scala di bacino, il modello SWAT+ è il più utilizzato grazie alla sua efficienza di calcolo e all'accesso aperto. Il successo di questo modello risiede nella sua versatilità e facilità di utilizzo e nell'integrazione con varie fonti di dati. Negli ultimi due decenni sono state rilasciate anche molte versioni aggiuntive e adattate per esigenze specifiche di modellazione non direttamente risolvibili utilizzando la versione di base (per esempio in aree montane, per trasporto di fitofarmaci in risaia, ecc.). Una recente revisione della letteratura scientifica sul database Scopus (database che indicizza la produzione scientifica di articoli di riviste, libri e atti di convegni) indica che il modello SWAT è di gran lunga il più utilizzato con circa il 44% dei lavori individuati (Fu *et al., 2019*). Si consideri che questo database indicizza solo letteratura *peer review*, da cui è esclusa la letteratura grigia come i rapporti governativi, report di progetti e lavori similari, per cui il suo utilizzo reale è sicuramente molto più ampio.

Per avere una visione esaustiva di tutte le applicazioni si può fare riferimento al database ufficiale della letteratura del modello (https://www.card.iastate.edu/swat_articles/). Questo database contiene i riferimenti ad oltre 5000 articoli scientifici (principalmente in lingua inglese) relativi al modello e alle sue sub-componenti, raggruppati in base a diverse categorie di applicazione. Gli utilizzi riportati in letteratura possono essere riassunti nelle seguenti categorie specifiche di applicazione:

- Analisi idrologiche
- Valutazioni sull'erosione e sui carichi di inquinanti
- Tecniche di calibrazione, sensibilità, integrazione di dataset
- Impatti dei cambiamenti climatici
- Sviluppi e confronti con altri modelli

5.2 Esempi applicativi

Analisi idrologiche

Il modello SWAT+ può essere utilizzato per valutare l'impronta idrica secondo il metodo di analisi sviluppato dal *Water Footprint Network* (Water Footprint Network, 2022) nelle componenti acqua blu, acqua verde e acqua grigia. Il lavoro di Msigwa *et al.*, (2022) valuta gli effetti delle dinamiche stagionali dell'uso del suolo sull'evapotraspirazione per le componenti acqua blu e verde in un grande bacino idrografico in Africa (Kikuletwa basin, Tanzania) mediante l'utilizzo di SWAT+. In questo lavoro sono state sviluppate mappe stagionali da immagini satellitari e mappe statiche di uso del suolo per rappresentare le dinamiche di utilizzo del suolo in base alle principali stagioni di crescita al fine di migliorare la stima del consumo di acqua blu (prelievi di acque superficiali e sotterranee) e acqua verde (acqua piovana). I risultati dello studio indicano che la rappresentazione delle dinamiche stagionali dell'uso del suolo con SWAT+ consente di stimare meglio l'impronta idrica dell'agricoltura nell'area di interesse.

Valutazione dell'erosione

Gli incendi gravi e incontrollati nelle foreste mediterranee possono avere un forte impatto negativo sull'ambiente e sulla società, e pertanto vi è la necessità di sviluppare strumenti di gestione in grado di valutare rapidamente il loro impatto nel bacino idrografico in relazione agli effetti erosivi del suolo. De Girolamo *et al.*, (2022) hanno applicato il modello SWAT in un bacino idrografico soggetto ad erosione in Puglia (torrente Celone) per stimare gli effetti degli incendi boschivi sul trasporto e produzione di sedimenti. Lo studio si concentra sugli effetti post incendio che impattano sul carico di sedimenti utilizzato come *proxy* per l'erosione e perdita del suolo. Gli effetti di diversi livelli di intensità degli incendi sono stati valutati con sei scenari previsti per fornire una vasta gamma di impatti potenziali sulla risposta idrologica e di produzione di sedimenti. I risultati indicano che il tasso di perdita di suolo, a causa dell'attuale uso del suolo e delle pratiche di gestione del territorio, è molto più alto del tasso di formazione del suolo.

Lo studio dimostra che il modello SWAT può essere un valido supporto per individuare le aree più soggette ad erosione e per sviluppare strategie mirate all' adozione di pratiche di gestione del territorio che riducano le perdite di suolo in aree colpite da incendi.

Tecniche di calibrazione, sensibilità, integrazione di dataset

L'applicazione di modelli idrologici da impiegare come strumenti di supporto alle decisioni per la gestione delle risorse idriche può essere fortemente limitata dalla scarsa disponibilità di dati quantitativi e qualitativi necessari per la calibrazione e per la validazione dei modelli. I dati derivanti da telerilevamento possono fornire osservazioni su larga scala con periodi di monitoraggio relativamente lunghi e possono essere utilizzati come dataset alternativi per la calibrazione e la validazione di modelli matematici. Il lavoro di Odusanya *et al.*, (2021) ha testato una metodologia per la calibrazione e validazione del modello SWAT mediante l'evapotraspirazione nel bacino del fiume Ouémé (Africa occidentale, Benin). Il metodo si basa sui dati di evapotraspirazione effettiva derivanti da immagini satellitari MODIS (*Global Land Evaporation Amsterdam Model - GLEAM AET*, www.gleam.eu) con una risoluzione di circa 28 km, che vengono utilizzati per calibrare l'evapotraspirazione stimata dal modello SWAT. I risultati dello studio indicano che l'evapotraspirazione stimata dal prodotto GLEAM raggiunge soddisfacenti indici statistici di accuratezza, e pertanto può essere utilizzata con successo per calibrare il modello SWAT in bacini idrografici non monitorati con stazioni di misura. Sebbene l'utilizzo dei dati satellitari non sia del tutto perfezionato a causa di difformità metodologiche nella stima dell'evapotraspirazione, la loro integrazione con altri dataset (per esempio umidità del suolo) in bacini scarsamente monitorati può incrementare notevolmente l'accuratezza finale della calibrazione dei modelli idrologici.

Impatti dei cambiamenti climatici

Le conseguenze dei cambiamenti climatici nelle regioni aride e semi-aride mettono a rischio gli equilibri degli ecosistemi agricoli e forestali. La comprensione degli impatti sul bilancio idrico è fondamentale per valutare la sostenibilità futura delle coltivazioni e sviluppare strategie di adattamento. Nel lavoro di Pulighe *et al.*, (2021) vengono valutati gli impatti dei cambiamenti climatici sulle componenti del bilancio idrologico in un piccolo bacino idrografico nel sud Sardegna (rio Flumentepido, area del Sulcis). Il modello SWAT+ è stato utilizzato per simulare e confrontare il bilancio idrologico del clima attuale (*baseline*), rispetto a proiezioni climatiche future per la metà del secolo (2006-2050) e per la fine del secolo (2051-2098). Il modello è stato applicato utilizzando i dati di due modelli climatici regionali con gli scenari di concentrazione rappresentativi (RCP4.5 - RCP8.5) (Figura 5.1) sviluppati ad alta risoluzione spaziale sull'area europea. Le simulazioni eseguite in SWAT+ indicato un aumento della temperatura, una diminuzione delle precipitazioni e, di conseguenza, un aumento dell'evapotraspirazione potenziale in entrambi gli scenari. I risultati mostrano anche che questi cambiamenti ridurranno in modo significativo il bilancio idrologico, il deflusso superficiale, la ricarica delle acque sotterranee e il deflusso di base. Questi risultati mostrano le potenzialità del modello SWAT per prevedere le future alterazioni del ciclo idrologico a scala di bacino e ad alta risoluzione, anche ai fini della pianificazione di misure di adattamento e mitigazione in sistemi agricoli.

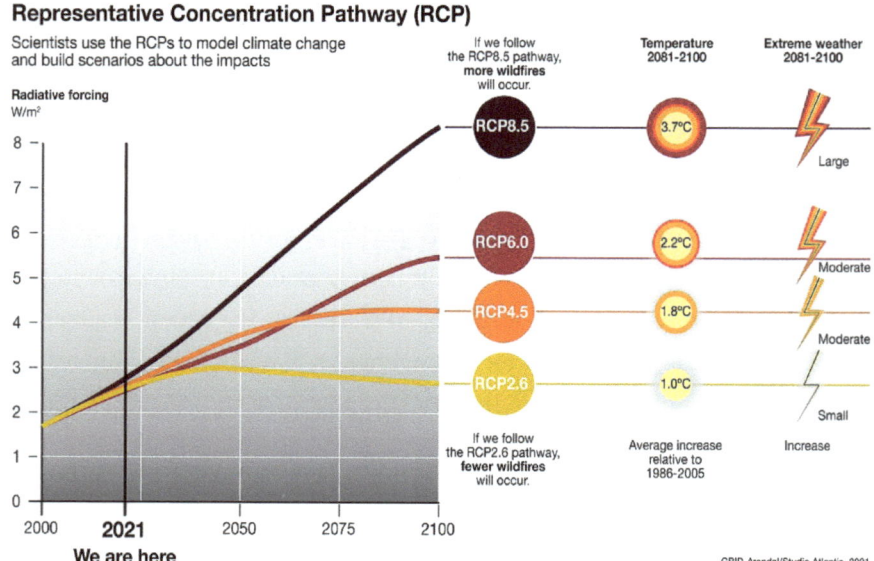

Figura 5.1 Percorsi di Concentrazione Rappresentativi (RCP – *Representative Concentration Pathways)*. Fonte: www.grida.no/resources/15562.

Sviluppi e confronti con altri modelli

La maggior parte dei modelli idrologici può essere potenzialmente applicata per simulazioni complete dei bacini idrografici, ma questi modelli possono richiedere un intenso lavoro di regolazione ed ottimizzazione per catturare nel dettaglio tutti i processi idrologici dominanti. Il modello SWAT+ offre agli utilizzatori una ampia flessibilità di modifica per simulare più accuratamente i processi idrologici in bacini idrografici complessi (aree carsiche, risaie e ambienti palustri, aree alpine, aree urbanizzate, climi estremi) incorporando algoritmi modificati nel modello standard.

Il lavoro di Yang et al., (2022) ha sviluppato un nuovo algoritmo in SWAT+ per modellare la fusione dei ghiacciai in un caso studio nel bacino del fiume Yarkant in Cina. In questo studio è stato sviluppato un algoritmo che considera l'effetto della radiazione solare giornaliera sulla fusione del ghiaccio integrato con dati multi-sorgente da telerilevamento. Inoltre, il lavoro ha modificato anche il modulo IPEAT+ (*Integrated Parameter Estimation and Uncertainty Analysis Tool Plus*) per le procedure di ottimizzazione e autocalibrazione del modello.

I risultati di questo caso di studio indicano che l'inclusione dei processi di fusione del ghiaccio ha migliorato significativamente le prestazioni del modello a scala di bacino. La calibrazione del modello, utilizzando dati di deflusso mensili, è dunque un'opzione fattibile anche nei bacini idrografici alpini con scarsità di dati e con presenza di ghiaccio.

I **Percorsi di Concentrazione Rappresentativi (RCP – Representative Concentration Pathways)** sono traiettorie di concentrazioni di gas serra, aerosol e altri driver climatici utilizzate per la modellazione del clima nel Quinto Rapporto di Valutazione dell'IPCC (*Intergovernmental Panel on Climate Change*). Tale rapporto ha individuato 4 scenari denominati *Representative Concentration Pathways* (RCP) dove i valori numerici degli RCP (2.6, 4.5, 6.0 e 8.5) si riferiscono alla possibile gamma di valori di forzante radiativo in W/m^2 nell'anno 2100. Gli RCP sono utilizzati per costruire scenari climatici futuri basati sulle emissioni di gas serra prodotte dalle attività umane, a seconda degli sforzi compiuti per limitare le emissioni stesse (sforzi elevati per l'RCP2.6, sforzi ridotti per l'RCP8.5). Per esempio, lo scenario RCP8.5, comunemente indicato come *"Business-as-usual"* scenario, non considera nessuna mitigazione delle emissioni, ovvero la loro crescita ai ritmi attuali, e prevede emissioni di CO_2 quadruplicate entro fine secolo con concentrazioni di circa 1120 parti per milione rispetto ai livelli preindustriali.

Bibliografia

Fu B, Merritt WS, Croke BFW, Weber TR, Jakeman AJ. 2019. A review of catchment-scale water quality and erosion models and a synthesis of future prospects. *Environmental Modelling & Software* **114**: 75–97 DOI: 10.1016/j.envsoft.2018.12.008

De Girolamo AM, Cerdan O, Grangeon T, Ricci GF, Vandromme R, Lo Porto A. 2022. Modelling effects of forest fire and post-fire management in a catchment prone to erosion: Impacts on sediment yield. *Catena* **212** DOI: 10.1016/j.catena.2022.106080

Msigwa A, Chawanda CJ, Komakech HC, Nkwasa A, Van Griensven A. 2022. Representation of seasonal land use dynamics in SWAT+ for improved assessment of blue and green water consumption. *Hydrology and Earth System Sciences* **26** (16): 4447–4468 DOI: 10.5194/hess-26-4447-2022

Odusanya AE, Schulz K, Biao EI, Degan BAS, Mehdi-Schulz B. 2021. Evaluating the performance of streamflow simulated by an eco-hydrological model calibrated and validated with global land surface actual evapotranspiration from remote sensing at a catchment scale in West Africa. *Journal of Hydrology: Regional Studies* **37**: 100893 DOI: 10.1016/j.ejrh.2021.100893

Pulighe G, Lupia F, Chen H, Yin H. 2021. Modeling Climate Change Impacts on Water Balance of a Mediterranean Watershed Using SWAT+. *Hydrology* **8** (4): 157 DOI: 10.3390/hydrology8040157

Water Footprint Network. 2022. Available at: https://waterfootprint.org/en/ [Accessed 15 December 2022]

Yang C, Xu M, Fu C, Kang S, Luo Y. 2022. The Coupling of Glacier Melt Module in SWAT+ Model Based on Multi-Source Remote Sensing Data: A Case Study in the Upper Yarkant River Basin. *Remote Sensing* **14** (23): 6080 DOI: 10.3390/rs14236080

6. SWAT+: i dati di input

6.1 Introduzione

Una caratteristica chiave del modello SWAT+ è la capacità di rappresentare e considerare spazialmente la variabilità del bacino idrografico in termini di topografia, vegetazione, suolo, clima, nonché di parametrizzare queste variabili in un modello geografico che descrive i processi eco-idrologici.

Per l'applicazione di un modello idrologico in SWAT+ vengono impiegati dati geospaziali in formato raster, vettoriale o testuale che sono in genere disponibili presso geoportali di dominio pubblico o *repository* a libero accesso. Alcune fonti di dati rilevano e rappresentano la variabilità geospaziale come punti (per esempio dati meteoclimatici), come linee (rete idrografica) o come aree (i suoli, la vegetazione) a varie scale di risoluzione spaziale e temporale.

Data la grande variabilità di dati geospaziali disponibili, le strutture dei dati di partenza possono avere conseguenze importanti sulla applicazione del modello e quindi sulle prestazioni finali. Bisogna considerare infatti che una fonte di dati può essere una misura diretta della caratteristica fisica (per esempio precipitazioni da pluviometro in situ) o una misura indiretta che richiede una elaborazione preliminare (per esempio precipitazioni da rianalisi). Inoltre, a seconda del modo in cui i dati vengono misurati, ogni fonte ha una struttura e formati specifici che di norma richiedono una conversione nei formati supportati da SWAT+.

In questo capitolo vengono illustrate le relazioni tra rappresentazione dei dati geospaziali rispetto alle necessità di modellazione. Vengono descritte le principali tipologie di dati necessarie per l'attuazione di un modello idrologico in SWAT+ insieme ai riferimenti web per la ricerca e l'acquisizione dei dataset. Infine, viene riportata una lista dei più comuni tipi di formati dei file di dati suddivisi per tipologia.

6.2 Rappresentazione dei dati

I dati geospaziali sono dati relativi ad una specifica posizione della superficie terrestre. Questi dati sono fondamentali per la modellazione idrologica e fanno progredire la nostra comprensione dei sistemi idrologici complessi e spazialmente eterogenei soprattutto nelle regioni poco monitorate o in aree molto estese. Negli ultimi anni, il modo di estrarre, elaborare e analizzare con efficienza ed efficacia i dati geospaziali provenienti da più fonti ha assunto un ruolo di rilievo nella modellazione dell'idrologia. Le tecniche di rappresentazione geospaziale nei modelli eco-idrologici (e al modello SWAT+) si concretizzano in tre livelli fondamentali:

- Rappresentazione delle variabili
- Estrazione delle caratteristiche del bacino
- Modellazione

Rappresentazione delle variabili
Le tradizionali misurazioni in situ delle variabili idrologiche e meteorologiche (es., portata, precipitazioni, temperatura e umidità del suolo) sono sito specifiche, ovvero riferite ad un preciso punto di misura (capannina meteorologica, idrometro). Tuttavia, per condurre studi idrologici efficaci, è necessaria una rappresentazione su scala di bacino. Le variabili meteorologiche, come le precipitazioni e le temperature, possono essere anche ampiamente eterogenee nello spazio e nel tempo con una variabilità dipendente da fattori topografici e meteo-climatici.

Ne consegue che la loro numerosità, la distribuzione spaziale e la metodologia di rappresentazione possono influire notevolmente sulla bontà del modello. I modelli idrologici possono utilizzare vari metodi di interpolazione per rappresentare nello spazio le osservazioni disponibili a livello puntuale. Il modello SWAT+ utilizza la rappresentazione *nearest neighbour* (vicino più prossimo) per associare ai sottobacini, e alle HRU che lo compongono i dati meteo puntuali.

Per ogni sottobacino la quantità della variabile rappresentata (pioggia, temperatura) viene ereditata dalla stazione più vicina, divenendo un valore omogeneo a livello di sottobacino o di HRU. Pertanto, maggiore è il numero delle stazioni inserite nel modello, maggiore sarà il dettaglio di rappresentazione delle variabili stesse.

Estrazione delle caratteristiche del bacino

Le caratteristiche del bacino (l'area totale e i sottobacini, l'altitudine, la rete fluviale, il calcolo dei percorsi di flusso e delle pendenze) sono informazioni basilari per una corretta modellazione. Queste informazioni vengono estratte dai DEM con tecniche geospaziali automatiche o semiautomatiche. È chiaro che la risoluzione del DEM ha una influenza sull'affidabilità di rappresentazione spaziale delle caratteristiche del bacino estratte, a cui si aggiunge la variabilità nella stima delle portate e dei sedimenti.

Si osservi a tal proposito in Figura 6.1 la differenza di risoluzione di tre DEM a 30, 20 e 10 metri rispetto alla capacità di rappresentare la rete idrografica. L'utilizzo di DEM ad alta risoluzione rappresenta una sfida per i software di modellazione, pertanto, si sconsiglia di utilizzare DEM ad altissima risoluzione per studi a scala locale. Bisogna considerare infatti che non necessariamente bisogna utilizzare un DEM ad altissima risoluzione per avere una rappresentazione spaziale accurata, in quanto il grado di dettaglio dipende dalla dimensione del bacino e dalle finalità dello studio.

Nel modello SWAT+ viene impiegato il *tool* TauDEM (Tarboton, 2023) per l'estrazione e l'analisi delle componenti idrologiche dalla topografia rappresentata da un DEM. Questo strumento, ampiamente utilizzato e molto affidabile, è completamente integrato nel modello e richiede all'utente solo l'impostazione di pochi parametri di ingresso.

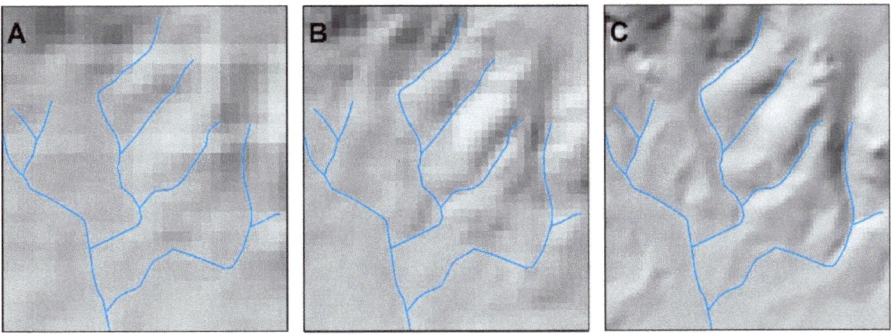

Figure 6.1 Rete idrografica sovrapposta ad un DEM con risoluzione a 30 m (A), 20 m (B), e 10 m (C). Fonte: nostra elaborazione.

La terminologia utilizzata per descrivere i modelli di superficie del terreno può essere confusa e spesso viene utilizzata in modo intercambiabile. Tuttavia, ci sono importanti differenze tra un DEM, un Digital Terrain Model (DTM) e un Digital Surface Model (DSM). Un DEM è un modello digitale che rappresenta la superficie del terreno come una griglia di punti con altitudini specifiche. Questi punti vengono acquisiti utilizzando tecnologie come le stazioni totali o i sensori aerei come il *light detection and ranging* (LiDAR). Il DEM fornisce informazioni sulle caratteristiche fisiche del terreno come le pendenze, i versanti e le depressioni.

Un DTM è un tipo di DEM che rappresenta esclusivamente la superficie del terreno naturale, escludendo gli oggetti artificiali come edifici, alberi e ponti. Il DTM è spesso utilizzato per analizzare il terreno in un'area e per creare profili topografici.

Al contrario, un DSM rappresenta non solo la superficie del terreno, ma anche tutti gli oggetti presenti sulla superficie, come edifici, alberi, ponti, e così via. Il DSM è spesso utilizzato in applicazioni come la mappatura urbanistica, la pianificazione del traffico e la gestione dell'energia solare. In sintesi, mentre DEM e DTM forniscono informazioni esclusivamente sulla superficie naturale del terreno, il DSM include anche gli oggetti artificiali presenti sulla superficie.

Modellazione

Lo sviluppo dei modelli eco-idrologici è facilitato dal progresso delle tecniche geospaziali e dalla crescente disponibilità di dati geografici provenienti da più fonti. La risoluzione dei dati di input è sempre più elevata e dettagliata tematicamente, consentendo anche l'incorporazione nei modelli di variabili e di processi fisici più avanzati ad alta risoluzione (indice di area fogliare, umidità del suolo, evapotraspirazione), rendendo al contempo la modellazione idrologica più impegnativa dal punto di vista dell'elaborazione dei dati. Come indicato nel Capitolo 2, riguardo agli step di modellazione, una corretta impostazione dello studio di un bacino deve prima identificare le finalità, la scala geografica di rappresentazione, le dimensioni del bacino e le risorse (in termini di tempo e costi). Successivamente, occorre programmare l'identificazione, la selezione e l'elaborazione di un dataset che sia omogeneo e coerente con i risultati attesi.

In linea di massima si consiglia di uniformare la scala e la risoluzione di tutti i dati di input. Per esempio, per un bacino a scala sub-regionale, con dimensioni fino a 1000 km², si possono utilizzare DEM con risoluzione ≥ 10 m e ≤ 30 m, con carte di uso del suolo e pedologiche possibilmente entro lo stesso intervallo di risoluzione. Per aree di studio a scala locale o su singoli versanti si possono utilizzare DEM con risoluzione ≥ 5 m e ≤ 10 m. Infine, per studi a scala regionale e nazionale si dovrebbe optare per dataset con risoluzione ≥ 30 m.

6.3 Fonti di dati

Dati altimetrici

Questa tipologia di dati, in genere costituita da DEM in formato raster, serve per estrarre le caratteristiche morfometriche del bacino. I dati altimetrici possono essere ottenuti da varie tipologie di rilievo ed elaborazione, tra cui sensori laser come il LiDAR, stereoscopia da immagini satellitari o aeree, nonché dalle curve di livello di carte tecniche.

• Shuttle Radar Topography Mission (SRTM) è una missione della NASA che ha utilizzato il radar per creare un DEM con copertura globale. Una recente rielaborazione ha generato il dataset SRTM NASADEM. La risoluzione spaziale è di 30 m.
https://lpdaac.usgs.gov/products/nasadem_hgtv001/

• Advanced Spaceborne Thermal Emission and Reflection Radiometer Global Digital Elevation Model (ASTER GDEM) è un DEM generato dall'elaborazione automatica di immagini stereoscopiche acquisite tra il 1° marzo 2000 e il 30 novembre 2013. La risoluzione spaziale è di 30 m.
https://lpdaac.usgs.gov/products/astgtmv003/

• ALOS World 3D è un DEM realizzato utilizzando immagini pancromatiche stereoscopiche fornite dal sensore PRISM (*Panchromatic Remote-sensing Instrument for Stereo Mapping*) a bordo del satellite ALOS. La risoluzione spaziale è di 30 m.
https://www.eorc.jaxa.jp/ALOS/en/dataset/aw3d30/aw3d30_e.htm

- Web Coverage Service (WCS) Geoportale Nazionale è un servizio WCS del Ministero dell'Ambiente che pubblica DEM del territorio italiano con risoluzione 20m, 40m, 75m ottenuti interpolando le curve di livello dell'archivio dell'Istituto Geografico Militare (IGM).

DEM 20 m

http://wms.pcn.minambiente.it/wcs/dtm_20m

DEM 40 m

http://wms.pcn.minambiente.it/wcs/dtm_40m

DEM 75 m

http://wms.pcn.minambiente.it/wcs/dtm_75m

- TINITALY DEM è un DEM del territorio italiano con risoluzione 10 m prodotto dall'Istituto Nazionale di Geofisica e Vulcanologia. Disponibile per il *download* come servizio WCS per sezioni di territorio. Disponibile anche con risoluzione 100 m come file unico.

http://tinitaly.pi.ingv.it/

- Dataset regionali. Le regioni italiane mettono a disposizione tramite i loro geoportali una varietà di dati geospaziali, tra cui DEM in formato raster con accesso pubblico.

Dati sull'uso/copertura del suolo

Questo tipo di dati viene utilizzato per rappresentare all'interno di un'area di studio i diversi tipi di vegetazione, acque e manufatti artificiali in formato raster e vettoriale. I dati sull'uso/copertura del suolo possono essere ottenuti da immagini satellitari, immagini aeree e osservazioni sul campo. Le immagini satellitari ad alta e altissima risoluzione come Landsat, Sentinel-2, PlanetScope e WolrdView possono essere utilizzate per realizzare delle carte di uso/copertura del suolo specifiche per un'area di studio.

- CORINE Land Cover (CLC) è un progetto nato a livello europeo per il rilevamento e il monitoraggio delle caratteristiche di copertura e uso del territorio, con particolare attenzione alle esigenze di tutela ambientale. I dataset sono stati prodotti nel 2000, 2006, 2012 e 2018 con una dimensione minima delle unità mappabili di 25 ha ed un dettaglio tematico di 44 classi di copertura del suolo. La risoluzione geometrica del raster distribuito dal portale europeo è di 100 m.

https://land.copernicus.eu/pan-european/corine-land-cover

• European Space Agency (ESA) WorldCover è un Progetto dell'Agenzia Spaziale Europea per la realizzazione di un di un prodotto di copertura del suolo globale liberamente accessibile con una risoluzione di 10 m per il 2020, è stato generato utilizzando dati Copernicus Sentinel-1 e Sentinel-2. Il dettaglio tematico è di 10 classi di copertura del suolo. La validazione del prodotto è indipendente e ha un'accuratezza globale complessiva di circa il 75%.

https://esa-worldcover.org/en

• Dataset regionali. Le regioni italiane mettono a disposizione tramite i loro geoportali una varietà di dati geospaziali, tra cui carte di uso del suolo in formato raster e vettoriale liberamente acquisibili.

• OpenAerialMap è una piattaforma per la condivisione e l'accesso alle immagini aeree ad alta risoluzione.

https://openaerialmap.org/

• Citizen Science. La *citizen science* (anche indicata con termini come *crowd science, community science, participatory monitoring, volunteer monitoring*) è un metodo per raccogliere dati attraverso la partecipazione volontaria del pubblico e può essere una valida fonte di dati sull'uso/copertura del suolo in un'area di studio.

https://www.geo-wiki.org/

Dati sul suolo

Questo tipo di dati viene utilizzato per rappresentare i diversi tipi di suolo, e le rispettive proprietà fisico chimiche all'interno di un'area di studio, sottoforma di carta pedologica in formato raster o vettoriale. I dati sul suolo possono essere ottenuti da osservazioni sul campo, analisi di laboratorio e in alcuni casi da telerilevamento.

- FAO. The Harmonized World Soil Database version 2.0 (HWSD v2.0) è un inventario globale che fornisce informazioni sulle proprietà morfologiche, chimiche e fisiche dei suoli con una risoluzione di circa 1 km. https://gaez.fao.org/pages/hwsd

- DSOLMap. The Digital SoiL OpenLand Map è una mappa digitale delle proprietà del suolo con una risoluzione spaziale di 250 m fino a 6 orizzonti di suolo (strati distinti all'interno del profilo del suolo, ognuno con caratteristiche specifiche) sviluppata specificamente per progetti SWAT+. Il dataset è stato sviluppato da WaterITech in collaborazione con l'Università Cattolica di Murcia (UCAM) utilizzando un'ampia gamma di funzioni di pedotrasferimento. https://www.wateritech.com/data

- Dataset regionali. Le regioni italiane mettono a disposizione tramite i loro geoportali una varietà di dati geospaziali, tra cui carte pedologiche in formato raster e vettoriale liberamente acquisibili.

Abruzzo
http://opendata.regione.abruzzo.it/content/carta-dei-suoli-della-regione-abruzzo-arss

Basilicata
http://www.basilicatanet.it/suoli/comuni.htm

Calabria
http://93.51.147.138/250000.html

Campania
http://www.agricoltura.regione.campania.it/pedologia/suoli.html

Emilia-Romagna
https://ambiente.regione.emilia-romagna.it/it/geologia/cartografia/webgis-banchedati/webgis-suoli

Friuli-Venezia-Giulia
http://www.ersa.fvg.it/cms/aziende/servizi/suolo/

Lazio
https://www.arsial.it/carta-dei-suoli-del-lazio/

Liguria
https://www.regione.liguria.it/open-data/item/7046-carta-delle-unit-suolo-paesaggio-sc-1-25000.html

Lombardia

https://www.ersaf.lombardia.it/it/servizi-al-territorio/dati-e-applicazioni-del-territorio/banca-dati-pedo-50k

Piemonte

https://www.geoportale.piemonte.it/geonetwork/srv/ita/catalog.search#/metadata/r_piemon:37c6413b-b07f-4f4c-9344-f2e43ea52bbd

Puglia

https://pugliacon.regione.puglia.it/web/sit-puglia-sit/sistema-informativo-dei-suoli

Sardegna

http://www.sardegnaportalesuolo.it/

Toscana

http://www502.regione.toscana.it/geoscopio/pedologia.html

Umbria

https://siat.regione.umbria.it/webgisru/

Valle D'Aosta

https://mappe.regione.vda.it/pub/geonavsct/?repertorio=SOIL_MAP

Veneto

https://www.arpa.veneto.it/temi-ambientali/suolo/conoscenza-dei-suoli

Dati meteoclimatici

Questo tipo di dati viene utilizzato per rappresentare le variabili meteorologiche come le precipitazioni, la temperatura e la velocità del vento, l'irradiazione solare e l'umidità come dati tabellari in formato testo. I dati meteorologici possono essere ottenuti da stazioni meteorologiche, radar e immagini satellitari.

• SCIA ISPRA è una collezione di dati meteo di varie fonti regionali come serie giornaliere di temperatura e precipitazione. Si accede mediante web-GIS.
http://www.scia.isprambiente.it/wwwrootscia/Home_new.html

• Climate Forecast System Reanalysis (CFSR) è il sito di riferimento

degli sviluppatori di SWAT+ per l'acquisizione di dati meteo in formato testo (.CSV) con risoluzione di 38 Km per gli anni 1979-2014.
https://swat.tamu.edu/data/cfsr

- Copernicus ERA5-Land è un servizio offerto dal programma europeo Copernicus che fornisce dati meteoclimatici di rianalisi dal 1950 in formato GRIB (GRIdded Binary) con risoluzione di 9 km.
https://cds.climate.copernicus.eu/cdsapp#!/dataset/rean
alysis-era5-land?tab=overview

- Climate Engine è un servizio che consente di esaminare e scaricare vari dataset e variabili meteoclimatiche con varie risoluzioni temporali e spaziali mediante un web-GIS con formati tabellari.
https://app.climateengine.com/climateEngine

- Terraclimate è un servizio che consente di esaminare e scaricare un set di dati mensili sul clima e sul bilancio idrico climatico delle superfici terrestri globali dal 1958 al 2019. I dati hanno una risoluzione temporale mensile e una risoluzione spaziale di 4 km.
https://www.climatologylab.org/terraclimate.html

- Dataset regionali. Le regioni italiane mettono a disposizione tramite i loro geoportali una varietà di dati geospaziali, tra cui i dati meteoclimatici in vari formati e liberamente acquisibili.

Dati idrologici

Questo tipo di dati viene utilizzato per rappresentare le variabili legate all'acqua, come il flusso dei torrenti, i livelli delle acque sotterranee e la qualità dell'acqua come dati tabellari in formato testo. I dati idrologici possono essere ottenuti da misuratori di portata, pozzi e stazioni di monitoraggio della qualità dell'acqua.

- ISPRA Progetto Annali è un servizio dell'ISPRA che fornisce il contenuto integrale degli Annali Idrologici (Parte I o Parte II) pubblicati da tutti i compartimenti periferici del Servizio Idrografico.
http://www.bio.isprambiente.it/annalipdf/

• Dataset regionali. Le regioni italiane mettono a disposizione tramite i loro geoportali i dati degli annali idrologici storici e quelli delle reti idrometriche di monitoraggio in telemisura.

6.4 Formati dei file dati

Questa sezione fornisce una panoramica dei formati di file più comuni utilizzati per l'archiviazione dei dataset geospaziali. Alcuni sono supportati da SWAT+, altri richiedono una conversione preliminare nei formati più comuni. La Tabella 6.1 elenca i formati file di dati di serie temporali più comuni. I formati file di dati raster sono elencati nella Tabella 6.2, mentre nella Tabella 6.3 sono elencati diversi formati di tipo vettoriale.

Tabella 6.1 Formati file per i dati di serie temporali di tipo testo supportati da SWAT+.

Estensione	Descrizione	Note
.CSV	Comma-separated value; file di testo usato per rappresentare serie temporali regolari. Si apre con un editor di testo come Notepad, Blocco Note, Excel.	Formato supportato in SWAT+.
.TXT	Textfile; file di testo che contiene testo semplice usato per rappresentare serie temporali regolari. Si apre con un editor di testo come Notepad, Blocco Note.	Formato supportato in SWAT+.
.DAT	file generico che contiene stringhe di testo, spesso serie temporali. Si apre con un editor di testo come Notepad, Blocco Note.	Formato supportato in SWAT+.
.PCP	File di testo che contiene testo semplice usato per rappresentare serie temporali regolari. Si apre con un editor di testo come Notepad, Blocco Note.	Formato supportato in SWAT+.
.DBF	dBASE file; è un file di database standard che organizza i dati in più	Formato supportato in

	righe e colonne memorizzati in una tabella.	SWAT+.

Tabella 6.2 Formati file per dati di tipo raster.

Estensione	Descrizione	Note
.IMG	ERDAS imagine; è un formato di file multibanda sviluppato da EXAGON usato per archiviare dati raster.	Formato supportato in SWAT+.
.TIF	Tagged Image Data Format; è un formato di file multibanda sviluppato da ADOBE usato per archiviare dati raster.	Formato supportato in SWAT+.
.HDR	Hierarchical Data Format ESRI labelled; è un formato di file multibanda sviluppato da ESRI usato per archiviare dati raster.	Formato supportato in SWAT+.
.HDR	Header file ENVI labelled; è un formato di file multibanda sviluppato da ENVI per archiviare dati raster.	Formato non supportato in SWAT+.
.PIX	PCI Geomatics Database File Format; è un formato di file multibanda sviluppato da PCI Geomatics usato per archiviare dati raster, in genere immagini satellitari.	Formato non supportato in SWAT+.
.GPKG	GeoPackage; è un formato di file universale che segue gli standard *Open Geospatial Consortium* (OGC) per la rappresentazione di file vettoriali e raster.	Formato non supportato in SWAT+.
.ECW	Enhanced Compressed Wavelets; è un formato di file usato per archiviare dati raster in modalità compressa.	Formato non supportato in SWAT+.
.NetCDF	Network Common Data Form; è un'interfaccia per l'accesso ai dati	Formato non supportato in

	orientata agli array utilizzata per rappresentare i dati scientifici.	SWAT+.
.GBD	ESRI geodatabase; è un formato di file sviluppato da ESRI come contenitore di dataset di file geospaziali come formati raster, vettoriali, tabelle.	Formato non supportato in SWAT+.
.GRIB	General Regularly distributed Information in Binary form; è un formato di file di file usato per l'archiviazione e la trasmissione di dati meteorologici a griglia.	Formato non supportato in SWAT+.

Tabella 6.3 Formati dei file di tipo vettoriale.

Estensione	Descrizione	note
.SHP	ESRI shapefile; è un formato file sviluppato da ESRI per la rappresentazione di file vettoriali. Deve essere sempre accompagnato dai file .dbf e .shx.	Formato supportato in SWAT+.
.GPKG	GeoPackage; è un formato di file universale che segue gli standard OGC per la rappresentazione di file vettoriali e raster.	Formato non supportato in SWAT+.
.KML	Keyhole Markup Language; è un formato di file usato per gestire dati geospaziali in Google Earth e Google Maps.	Formato non supportato in SWAT+.
.KMZ	Keyhole Markup Language zip-compressed; è un formato file usato per gestire dati geospaziali in Google Earth e Google Maps.	Formato non supportato in SWAT+.
.GBD	ESRI geodatabase; è un formato file sviluppato da ESRI come contenitore di dataset di file geospaziali in formato raster, vettoriale e tabellare.	Formato non supportato in SWAT+.

.GEOJSON	Geospatial JavaScript Object Notation; è un formato per la codifica di diverse strutture di dati geografici come Punto, Stringa di linea, Poligono, MultiPunto, MultiStringa di linea e MultiPoligono.	Formato non supportato in SWAT+.
.LAS (.ZLAS)	Log ASCII Standard file; è un tipo di formato utilizzato per scambiare e memorizzare i dati della nuvola di punti LiDAR.	Formato non supportato in SWAT+.

 Con l'espressione "rianalisi" di dati meteorologici (o analisi retrospettiva) si intende la creazione di nuovi dataset derivati dalla combinazione di dati storici con le previsioni modellistiche attuali. I dati di rianalisi forniscono dataset ordinati per griglie geografiche regolari di varie risoluzioni e sono in grado di fornire un quadro completo del clima del passato. I dati di rianalisi colmano le lacune delle osservazioni reali fornendo dei dataset coerenti ed omogenei.

Bibliografia

Tarboton D. 2023. TauDEM - Terrain Analysis Using Digital Elevation Models Available at: https://hydrology.usu.edu/taudem/taudem5/ [Accessed 10 January 2023]

Parte seconda – Esercizio guidato

7. Installazione di QGIS, QSWAT+ e SWAT+ Editor

7.1 Introduzione

In questo capitolo verranno fornite le istruzioni necessarie all'installazione di QGIS, del *plugin* QSWAT+, del software SWAT+ Editor e di altri software di supporto utili: SQLite Studio, Windows MPI e Notepad++. L'installazione è riferita all'ambiente Microsoft Windows che dovrebbe assicurare la piena compatibilità indipendentemente dalla versione scelta. Si raccomanda tuttavia di utilizzare le versioni più recenti del sistema operativo, anche tenendo conto del fatto che a partire dalla versione 3.20, QGIS per Windows è distribuito solo per sistemi a 64-bit.

Le procedure descritte si riferiscono alle versioni recenti di QGIS (*Long Term Release – LTR*), QSWAT+ (QSWAT3, QSWAT3_64 and QSWAT3_9 version 1.6) e SWAT+ Editor (version 2.3.7).

Per quanto concerne i requisiti ed i software necessari per l'installazione e l'esecuzione occorre disporre di: Microsoft Windows (minimo versione 7); Microsoft .Net Framework 3.5; Software per lettura file `.pdf` (es. Adobe Acrobat Reader); Editor di testo per la lettura dei file di input e output della modellazione; Gestore archivi compressi (es. WinZip) per decomprimere gli archivi.

7.2 Installazione di QGIS

QGIS è disponibile per Windows, macOS, Linux, Android e iOS. Si consiglia di installare la versione con supporto a lungo termine (LTR) che è considerata la più stabile oltre ad essere stata già testata con la versione di QSWAT3. QGIS può essere scaricato dal seguente link: https://www.qgis.org/it/site/forusers/download.html ("Stai cercando la versione più stabile? Scarica QGIS 3.28 LTR").

Si consiglia inoltre di utilizzare la versione a 64 bit accettando la cartella di installazione suggerita: `C:\Program Files\QGIS 3.28.n`. Una volta scaricato il file eseguibile procedere all'installazione utilizzando il percorso suggerito. Per maggiori dettagli sulle funzionalità ed utilizzo su QGIS si rimanda al manuale utente disponibile online al seguente link: https://docs.qgis.org/3.22/it/docs/user_manual/.

7.3 Installazione di QSWAT+

Identificare e scaricare la versione aggiornata del software a 32 o 64 bit a seconda del proprio sistema operativo al seguente link: https://swat.tamu.edu/software/qswat/. Nella medesima pagina è anche possibile scaricare il manuale corrispondente alla versione aggiornata del software che fornisce indicazioni complete e dettagliate sull'interfaccia e le funzionalità.

Avviare l'installazione utilizzando il file eseguibile `.exe` di QSWAT3. Il processo di installazione aggiunge alcuni file a SWATEditor (un database di progetto ed uno di riferimento in Databases); SWATGraph nella cartella SWATGraph, gli eseguibili di TauDEM in due versioni nelle cartelle `C:\SWAT\SWATEditor\TauDEM5Bin` e `C:\SWAT\SWATEditor\TauDEM539Bin`. Si raccomanda di utilizzare l'opzione di installazione di QSWAT3 per l'utente corrente, il *plugin* sarà posizionato al percorso `AppData\Roaming\QGIS\QGIS3\profiles\default\python\plugins`. Selezionare l'opzione di installazione per tutti gli utenti se si dispone dei privilegi di amministratore della macchina utilizzata.

7.4 Installazione di SWAT+ Editor

L'installazione va effettuata scaricando l'ultima versione del software disponibile per la piattaforma Windows a 64 bit dal link: https://swatplus.gitbook.io/docs/installation, la versione corrente è la 2.3.7 (Ottobre 2023). Sebbene non siano richiesti i privilegi di amministratore sulla macchina utilizzata è necessario poter accedere all'unità `C:\` ed è consigliabile disattivare momentaneamente l'eventuale antivirus presente.

Dopo il download del file di installazione in formato compresso si procede all'estrazione dell'eseguibile `swatplustools-installer-2.3.7.exe` selezionando anche il componente aggiuntivo **Global weather generator data for SWAT+ (download)** che avvierà un nuovo download del componente (334 MB). Una volta avviata l'installazione, si seleziona l'opzione **"Install for me only"** se non si dispone dei privilegi di amministratore.

Il *plugin* di SWAT+ potrà essere attivato in QGIS con il comando `> Plugins > Gestisci ed installa Plugins…` , individuando nella scheda **"Installati"** il plugin QSWATPlus e verificando la presenza del segno di spunta che attiva il menù specifico all'interno del menù **Plugin**. Nel caso in cui il *plugin* non sia presente o sia corrotto, si consiglia di installare il *plugin* presente al link: `https://bitbucket.org/ChrisWGeorge/qswatplus3/downloads /QSWATPlus3_9install2.4.0.exe`.

Attualmente si segnala qualche problema di funzionamento di QSWAT+ con la versione di QGIS 3.28 relativamente all'elaborazione di elementi idrici lacustri in formato *shapefile*. Il problema segnalato da vari utenti si presenta nella fase di delineazione degli elementi idrici con una serie di messaggi relativi ad errori sulle aree lacustri o alla mancanza di connessioni nella rete idrica. In questi casi può essere risolto utilizzando la versione di QGIS 3.22 disponibile al seguente link: `https://download.qgis.org/downloads/windows/3/3.22/`.

7.5 Installazione di SQLite Studio, Microsoft MPI e Notepad++

SQLite Studio

L'accesso ai database (SQLite) ed ai file di output generati dal modello può essere gestito agilmente attraverso SQLite Studio. È un software open source rilasciato con licenza GPL, multipiattaforma (Windows, Linux e MacOS X) e portabile (non necessita di installazione, può essere scaricato decompresso ed utilizzato). Il software può essere installato dal link: `https://github.com/pawelsalawa/sqlitestudio/releases/tag/3.4.4` dalla sezione "**Assets**" selezionando la versione adatta al proprio sistema operativo (es. `SQLiteStudio-3.4.4-windows-x64-installer.exe`) accettando tutti i parametri di default presenti nelle varie schermate.

Microsoft MPI

Microsoft MPI è un modulo software per lo sviluppo e l'esecuzione di applicazioni parallele sulle piattaforme Microsoft Windows. L'installazione del software è opzionale ma consigliabile poiché aumenta la velocità e le *performance* nell'elaborazione di dati raster di grandi dimensioni. La procedura di installazione prevede il download del file eseguibile al link: `https://www.microsoft.com/en-us/download/details.aspx?id=100593` e successivamente l'esecuzione del file `MSMpiSetup.exe`. I sistemi Windows operativi supportati partono dalla versione Windows 7.

Notepad++

Notepad++ è un semplice editor di testo per la lettura e modifica di file in formato testo (es. `.csv`, `.txt`). È un software con codice sorgente gratuito per l'ambiente Windows con una licenza GNU General Public License. L'editor è sviluppato con un codice molto performante che assicura una piccola dimensione del programma ed una elevata velocità di esecuzione. Le caratteristiche suddette consentono di ridurre il carico di elaborazione delle macchine e di conseguenza i consumi energetici. Le ultime versioni (v8.x.x) del software possono essere scaricate dal link: `https://notepad-plus-plus.org/downloads/`.

8. I dati di input

8.1 Introduzione

Come accennato nell'introduzione, lo scopo di questo libro è quello di sviluppare in dettaglio un modello eco-idrologico con SWAT+ per un bacino idrografico localizzato nell'area del Sulcis, Sardegna meridionale (Figura 8.1). L'area di studio è quella del bacino del rio Flumentepido, un corso d'acqua temporaneo ed effimero in quanto soggetto a periodi di asciutta totale, ovvero una tipologia fluviale con acqua in alveo per meno di 8 mesi all'anno (RAS, 2021). Il bacino idrografico copre un'area di circa 77 km², è caratterizzato da una topografia da pianeggiante ad ondulata che si estende dalla linea costiera all'entroterra, e ha un'altitudine che varia da 1 a 450 m sul livello medio del mare. Il clima è di tipo mediterraneo e si colloca tra il semi-arido e il secco subumido. Le precipitazioni medie annue sono di circa 650 mm e la temperatura media annua è di 16 °C. L'uso del suolo è rappresentato principalmente da seminativi su terreni pianeggianti, in misura minore da vigneti, prati e piantagioni di eucalipto su terreni non coltivabili, con vegetazione forestale su terreni accidentati.

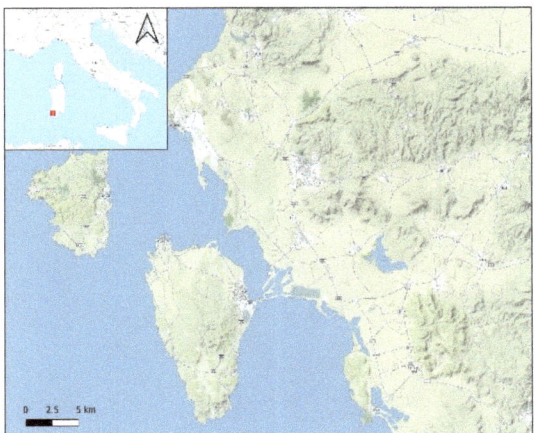

Figura 8.1 Localizzazione dell'area del Sulcis.

8.2 Descrizione del dataset

L'esercitazione guidata per l'apprendimento di tutte le funzionalità di SWAT+ si basa sull'utilizzo di un set di dati completo e omogeneo, già elaborato secondo i formati di file di dati e le strutture richieste dal software. Usare il seguente indirizzo per scaricare il dataset da utilizzare per la creazione del modello eco-idrologico:

`https://figshare.com/s/85c48084b0e7a787cdbf`

Per lavorare proficuamente con SWAT+ è necessario conoscere la cartella di lavoro e sapere come spostarsi tra le diverse cartelle del progetto e dei risultati. Si consiglia pertanto di spostare la cartella dei dati `\Dataset` in un percorso di rapido accesso. Ad esempio, il percorso predefinito utilizzato in questo libro è il seguente:

`C:\SWAT\SWATPlus\Dataset`

Una volta che il dataset è stato scaricato e decompresso questo appare come rappresentato in Figura 8.2 con le sottocartelle contenenti i dati necessari alla creazione del modello. Nella cartella è presente anche il file `info_dati.txt` che riporta gli indirizzi dei siti tematici della Regione Sardegna da cui sono stati acquisiti i dati. Il dataset è composto da dati in formato geografico ed in formato testo.

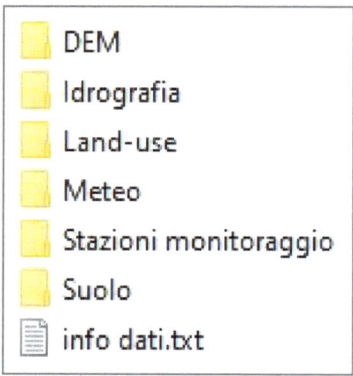

Figura 8.2 Dataset per lo sviluppo del modello in SWAT+.

Visualizzazione dei dati geografici nel Browser in QGIS

Un modo pratico per visualizzare ed analizzare le caratteristiche dei dati geospaziali è, internamente a QGIS, mediante il **Browser** o mediante l'applicazione QGIS Browser. L'applicativo browser si trova alla base del pannello di sinistra di QGIS (Figura 8.3). Fare click sulla linguetta Browser per aprire il QGIS Browser. Se non vedete la linguetta potete attivarla seguendo il percorso: `Visualizza > Panelli > Pannello Browser`. Il Browser QGIS è un pannello che consente l'esplorazione del *filesystem* e la gestione dei dati geospaziali.

Navigare fino alla cartella `\Dataset` contenente i geodati. Noterete immediatamente i vantaggi dell'uso del Browser che funge da filtro riportando tutti i dati utilizzabili da QGIS (*shapefile*, raster, connessioni WMS/WFS/WCS) come singole entità e nascondendo la complessità della struttura dati presente nel *filesystem*.

Nel Browser di QGIS selezionare il file del DEM indicato dal percorso:

```
C:\SWAT\SWATPlus\Dataset\DEM\dem_10m\dem_10m.tif
```

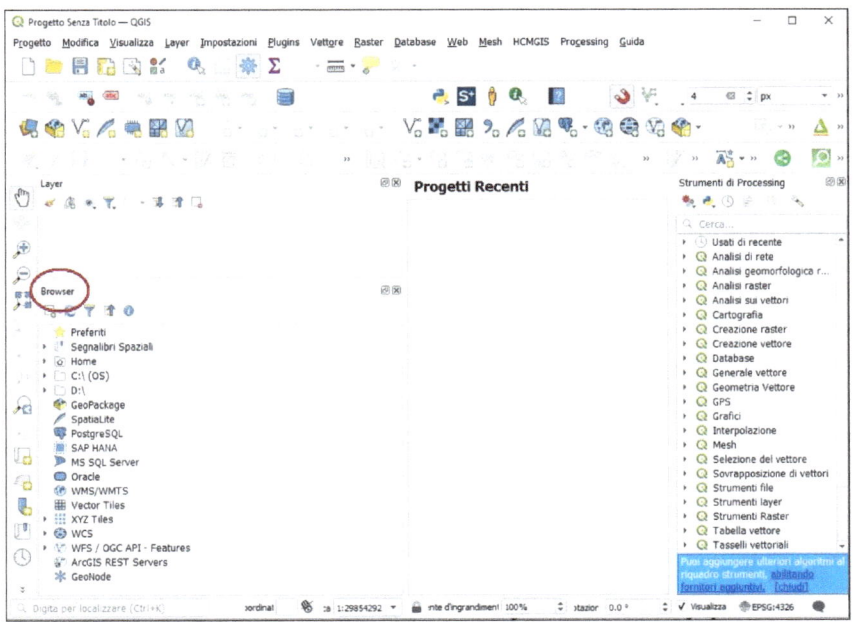

Figura 8.3 Il pannello Browser in QGIS.

Cliccare sull'icona 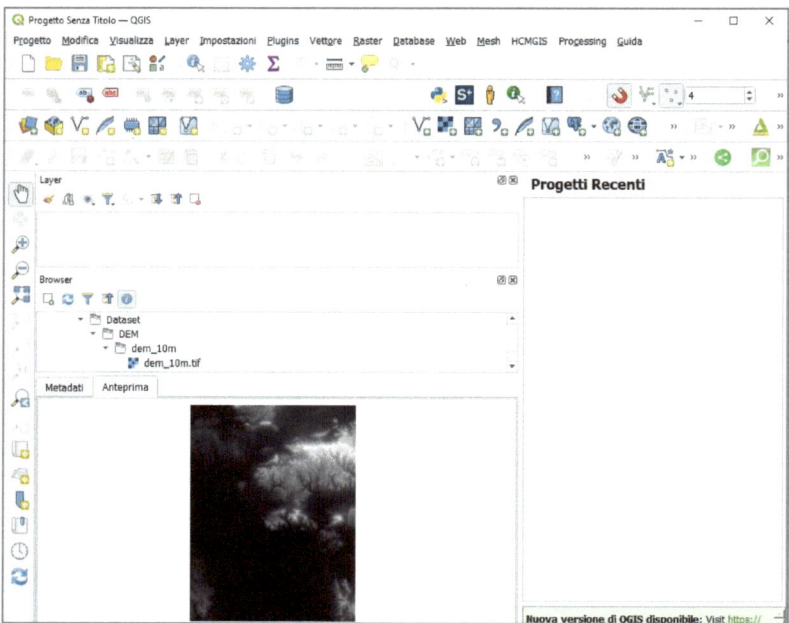 **ⓘ** > `Abilita/disabilita le proprietà del widget` per attivare le schede **Metadati** e **Anteprima**. Selezionando la scheda **Metadati**, nel pannello sottostante si possono visualizzare velocemente le informazioni sul dataset (formato file, tipo di dato, dimensione, estensione, sistema di riferimento se associato al file, ecc.).

Il file selezionato è in formato `.tif` a 32 bit, ha una dimensione di 26.89 MB, una risoluzione di 10 m, una larghezza di 2339 pixel e una altezza di 3010 pixel, un sistema di riferimento WGS 84 / UTM zone 32N (codice EPSG: 32632).

Selezionando la scheda **Anteprima** si può visualizzare una miniatura del file. Nell'esempio in Figura 8.4 possiamo osservare le caratteristiche del file DEM selezionato e l'estensione dell'area di studio. Nel Browser di QGIS si può aggiungere il file selezionato nella finestra principale cliccando sull'icona > `Aggiungi Layer Selezionati` oppure si può trascinare e rilasciare nella finestra principale grazie alla funzione *drag-and-drop.*

Visualizzare i file contenuti nelle cartelle `\Idrografia`, `\Land-use`, `\Meteo`, `\Suolo` e `\Stazioni di monitoraggio` per analizzare contenuto, formati e caratteristiche del dataset.

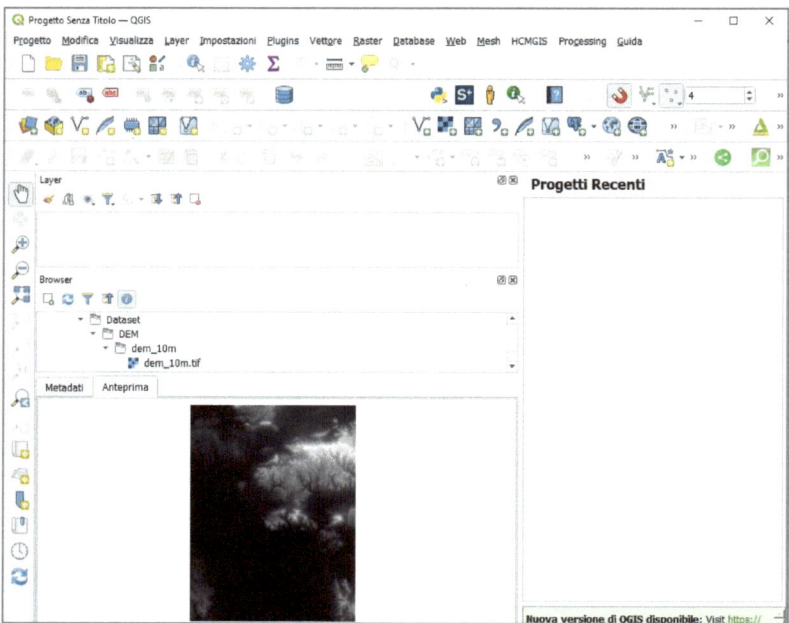

Figura 8.4 Caratteristiche dei dati geospaziali nel Browser di QGIS.

Nel *Browser* di QGIS selezionare il file dell'uso del suolo indicato dal percorso:

`C:\SWAT\SWATPlus\Dataset\Land-use\landuse\land-use.tif`

Come per il file DEM visto in precedenza, possiamo osservare che anche questo file ha un formato `.tif`, una risoluzione di 10 m, e lo stesso sistema di riferimento EPSG 32632. Nel Browser di QGIS selezionare il file > `\Sulcis_landuses.csv` contenuto nella cartella `\landuse`. In questo caso si attiva anche la scheda **Attributi** che consente di visualizzarne il contenuto nel pannello sottostante (Figura 8.5).

Questo file in formato `.csv` rappresenta un file *lookup-table*, ovvero una tabella di dati usata per associare a dei dati in ingresso (nel nostro caso i valori numerici dei pixel della mappa uso del suolo) dei dati in uscita (nel nostro caso i codici del database degli usi del suolo presente in SWAT+) a cui corrispondono molti parametri utilizzati nella modellazione e che non possono essere direttamente associati o inseriti nei file raster. L'utilità delle *lookup-tables* sta nel rendere molto semplice e leggera la struttura dei file raster in ingresso, evitando di creare file ridondanti in quanto i dati di input

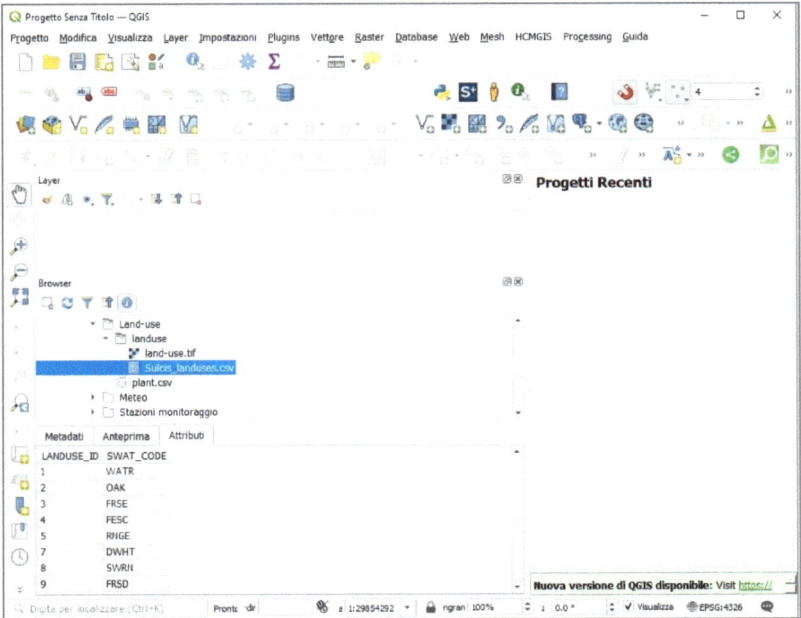

Figura 8.5 Visualizzazione della *lookup table* nel Browser di QGIS.

necessari allo sviluppo e ai calcoli del modello sono ospitati in un database esterno. Analizzando la struttura del file `\Sulcis_landuses.csv` aprendolo con Excel direttamente dalla cartella `\landuse` si evince la presenza di due colonne. La colonna `LANDUSE_ID` riporta gli stessi valori numerici riscontrabili nel file raster `land-use.tif` a cui corrispondono le varie tipologie di uso del suolo generate dalla carta di uso del suolo in formato vettoriale `.shp`. La colonna `SWAT_CODE` riporta i codici delle colture presenti nel database colture di SWAT+. Questi valori consento al modello di associare ad ogni pixel della mappa i valori numerici richiesti dai vari algoritmi interni, i quali regolano per esempio l'accrescimento delle piante, l'evapotraspirazione, la resa, e il deperimento dopo un ciclo vegetativo. Una schematizzazione di queste relazioni è indicata in Figura 8.6. QSWAT+ supporta l'importazione di file di testo `.csv` per le *lookup-table* dell'uso del suolo e dei suoli, che si collegano ai database delle piante (*plant*), dei suoli e degli usi del suolo urbano (*urban*). Nella cartella `\landuse` sono riportate queste tabelle in formato `.csv` estratte dal database del modello.

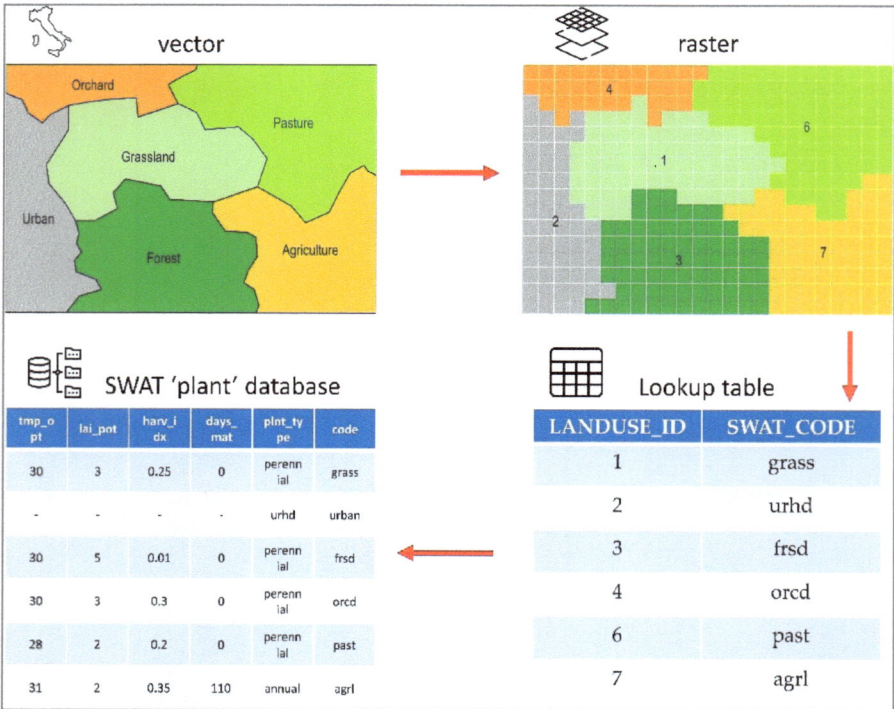

Figura 8.6 Relazioni tra contenuto informativo della carta di uso del suolo, *lookup table* e database delle colture in SWAT+. Fonte: nostra elaborazione.

Per la mappa dell'uso del suolo, la *lookup-table* deve avere la stringa *landuse* nel nome. Inoltre, la colonna LANDUSE_ID deve essere di tipo *integer*, quella SWAT_CODE di tipo testo. È implicito che tutti i codici utilizzati nella mappa devono trovarsi nella tabella *plant* e nella tabella *urban* nel database del progetto.

Nel Browser di QGIS selezionare il file del suolo indicato dal percorso:

```
C:\SWAT\SWATPlus\Dataset\Suolo\suolo\suolo.tif
```

Anche questo file ha le stesse caratteristiche dei file `.tif` visti in precedenza. Aprire con Excel il file > `\Sulcis_soils.csv` contenuto nella cartella `\suolo`. Questo è il file *lookup table* della mappa dei suoli e si collega al database dei suoli (*usersoil*) (Figura 8.7). Per la mappa del suolo, la *lookup-table* deve avere la stringa *soil* nel nome, e deve contenere almeno le colonne SOIL_ID di tipo *integer* e SNAM di tipo testo. SOIL_ID corrisponde ai valori della griglia del suolo, SNAM indica il codice del suolo presente in *usersoil*.

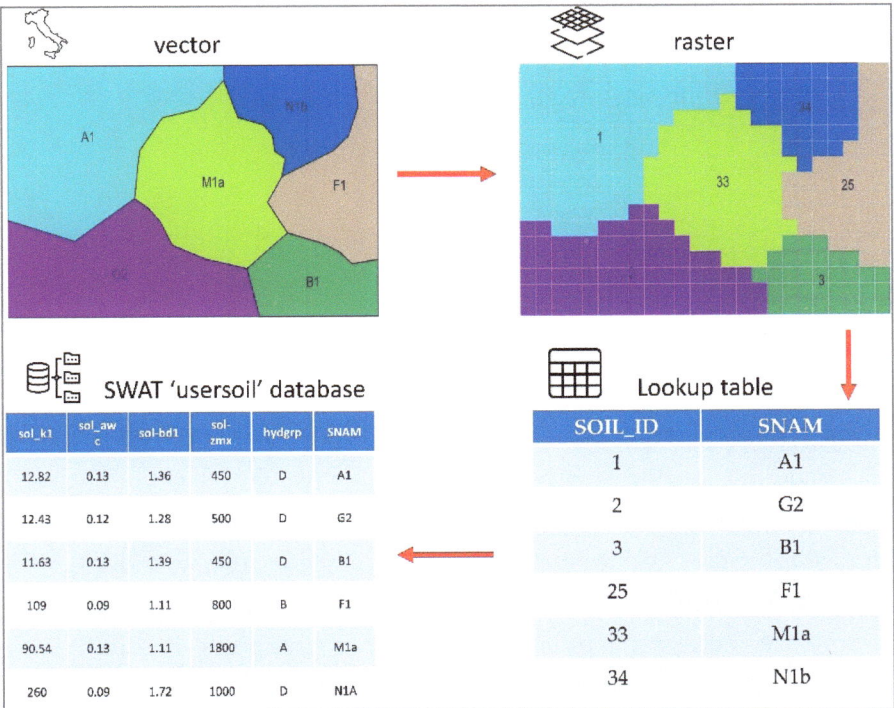

Figura 8.7 Relazioni tra contenuto informativo della carta del suolo, lookup-table e database del suolo in SWAT+. Fonte: nostra elaborazione.

Si noti che la tabella *usersoil* contenente le proprietà del suolo non è presente in SWAT+ ma deve essere creata dall'utente che deve anche compilarla con tutte le informazioni obbligatorie minime richieste, indicate come *required* nel manuale ufficiale del modello (Arnold *et al.*, 2012).

Questi dati richiesti sono per lo più caratteristiche fisiche e si possono inserire fino a 25 orizzonti. I campi richiesti sono:

- SNAM – nome del suolo
- SOL_XMZ – profondità del suolo (mm)
- SOL_Z – layer o orizzonte del suolo (mm)
- SOL_BD – densità apparente (g/cm³)
- SOL_AWC – capacità d'acqua disponibile (mm H₂O/mm suolo)
- SOL_K – conducibilità idraulica satura (mm/hr)
- SOL_CBN – contenuto di carbonio organico (% peso suolo)
- SOL_CLAY – contenuto di argilla (% peso suolo)
- SOL_SILT – contenuto di limo (% peso suolo)
- SOL_SAND – contenuto di sabbia (% peso suolo)
- SOL_ROCK –contenuto di roccia (% totale)
- SOL_ALB –albedo del suolo (% di riflessione)
- USLE_K –fattore di erodibilità K (t h/ (MJ mm))

Nel Browser di QGIS selezionare il file della rete idrografica indicato dal percorso:

```
C:\SWAT\SWATPlus\Dataset\Idrografia\Reteidrografica.shp
```

Come possiamo vedere dalle schede Metadati, Anteprima e Attributi, il file vettoriale ha lo stesso sistema di riferimento dei file precedenti, e rappresenta l'idrografia di superficie dell'area di studio. Il file supporta il modello SWAT+ nell'estrazione di dettaglio di una rete idrografica gerarchica suddivisa in collettori fluviali ed elementi puntuali o nodi come confluenze, laghi, stagni e sbocchi dei sottobacini in punti significativi. Nel Browser di QGIS selezionare il file degli *outlets* indicato dal percorso:

```
C:\SWAT\SWATPlus\Dataset\Stazioni monitoraggio\Outlets.shp
```

Questo file vettoriale, di tipo puntuale, contiene gli *outlets* o sbocchi o sezioni di chiusura che drenano dai sottobacini e che saranno aggiunti al bacino idrografico creato dal modello.

In SWAT+ gli *outlets* possono essere aggiunti manualmente durante la modellazione, ma è consigliabile prepararli preliminarmente in formato .shp durante la fase di analisi dell'area di studio. La scelta di utilizzare degli *outlets* impone al modello la chiusura dei sottobacini nei punti esatti indicati geograficamente dal file. Tale modalità è rilevante in presenza di serie storiche di misure reali dei deflussi (portate) o di qualità delle acque.

Infatti, imponendo la chiusura dei sottobacini in punti predeterminati, SWAT+ restituirà per ogni punto i risultati della modellazione, rendendo possibile il confronto con i dati reali, utili anche in fase di calibrazione e validazione. Nela caso in cui non vengano inseriti degli *outlets* (come file esterno o manualmente), SWAT+ creerà in automatico degli *outlets* posizionandoli utilizzando il DEM.

Se osserviamo in dettaglio il file Outlets.shp aprendolo con la scheda Attributi, notiamo la presenza di 6 *outlets* e di 4 campi: ID, RES, INLET, PTSOURCE. Affinché sia utilizzabile in SWAT+, il file degli *outlets* deve avere le caratteristiche indicate in Tabella 8.1.

Tabella 8.1 Caratteristiche dei campi richiesti del file .shp che rappresenta gli *outlets* da inserire SWAT+.

Nome	Tipo
ID	integer
RES	integer
INLET	integer
PTSOURCE	integer

Nel Browser di QGIS selezionare il file della maschera dell'area di studio indicato dal percorso:

```
C:\SWAT\SWATPlus\Dataset\Area di studio\Mask.shp
```

Il file vettoriale poligonale rappresenta la maschera dell'area di studio utilizzata per ritagliare DEM, l'uso del suolo, pedologia e rete idrografica.

I file risultanti avranno la stessa estensione geografica e minori dimensioni

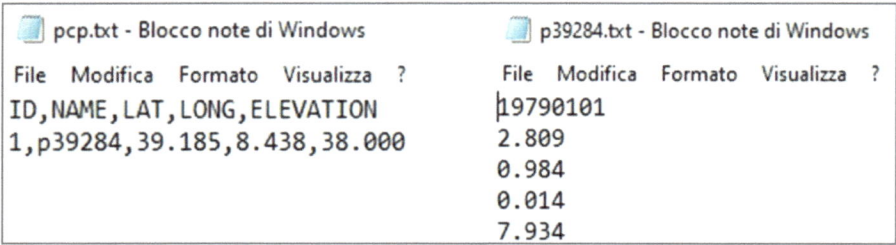

Figura 8.8. Caratteristiche dei file in formato testo delle precipitazioni.

in memoria migliorando la gestione in SWAT+ e riducendo i tempi e le risorse di calcolo. Nei nuovi progetti di SWAT+ si consiglia sempre di creare una maschera geografica che definisce l'estensione dell'area di studio.

Visualizzazione dei dati in formato testo

Dalla cartella `\Dataset` aprire con Excel il file dei dati meteo indicato dal percorso:

```
C          :\SWAT\SWATPlus\Dataset\Meteo\37326\weatherdata-
39284.csv
```

Questo file (Figura 8.8) contiene dati meteorologici di rianalisi preparati dal *National Centers for Environmental Prediction* (NCEP) e denominati *climate forecast system reanalysis*. Il dataset globale copre il periodo 1979-2014 e contiene dati giornalieri di precipitazione, vento, umidità relativa e dati solari in formato `.csv` e `.txt`. Per l'area di studio è stata estratta una stazione ricadente nei pressi del bacino idrografico.

Per poter utilizzare questo dataset in SWAT+ i dati delle variabili meteorologiche devono essere preparati in file distinti per le temperature massime e minime, precipitazioni, radiazione solare, velocità del vento e umidità relativa. Ogni variabile deve essere rappresentata con due file, uno che identifica la stazione meteoclimatica per la variabile e uno che contiene i dati della stazione.

Per esempio, il file `pcp.txt` specifica la localizzazione dei pluviometri per la variabile "precipitazioni", mentre il file `p39284.txt` contiene i dati giornalieri, dove il primo valore indica il primo dato misurato (Figura 8.8).

Il file `pcp.txt` deve contenere le seguenti informazioni con campi delimitati da virgole:

- ID - numero progressivo del pluviometro

- NAME - nome del file con i dati della precipitazione
- LAT/LONG - coordinate del pluviometro
- ELEVATION - quota in metri

Nel caso siano presenti più stazioni vanno aggiunte altre righe per inserire in maniera univoca l'identificativo, il nome, le coordinate geografiche e la quota altimetrica. Il file `p39284.txt` deve contenere nella prima riga la data del primo giorno di acquisizione dei dati, nell'esempio il 1° gennaio 1979, quindi a seguire in sequenza i dati giornalieri in mm.

Per le altre variabili (Figura 8.9) la struttura dei dati è la medesima, con l'eccezione per le temperature che devono contenere nella prima riga le temperature massime e minime giornaliere separate da una virgola.

Dalla cartella `\Dataset` aprire con Excel il file dei dati meteo indicato dal percorso: `> C :\SWAT\SWATPlus\Dataset\Stazioni monitoraggio\Portate-Flumentepido.csv`.

Il file contiene le portate medie mensili in m³/s registrate nella stazione di misura sul rio Flumentepido per il periodo gennaio 1982 - dicembre 1992. Questi dati verranno utilizzati in fase di calibrazione per confrontarli con i dati simulati dal modello a scala mensile.

La descrizione dettagliata della stazione, attualmente non operativa, è riportata nel file `.pdf` estratto dagli Annali Idrologici del 1930 e contenuto nella cartella `\Stazioni monitoraggio`.

È importante ribadire che l'accuratezza e l'affidabilità dei risultati delle simulazioni SWAT+ sono direttamente collegate alla qualità e alla

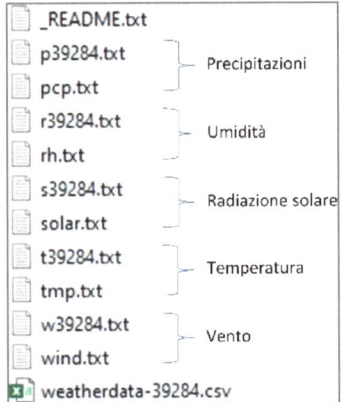

Figure 8.9 Variabili meteoclimatiche dell'area di studio.

risoluzione dei dati meteorologici in ingresso. Pertanto, la disponibilità di dati meteorologici accurati è fondamentale per una modellazione precisa ed affidabile.

 Outlets. L'individuazione e la scelta degli *outlets* (misura delle portate, qualità acque) deve essere valutata e determinata prima della applicazione del modello. Si consiglia di eseguire un'attenta ricerca presso geoportali regionali, servizi idrografici, Università o Arpa per identificare queste stazioni di misura, le loro coordinate geografiche, le serie temporali, i tipi di dati registrati e le unità di misura al fine di una loro corretta utilizzazione.

Bibliografia

Arnold JR, Kiniry R, Srinivasan R, Williams JR, Haney EB, Neitsch SL. 2012. Soil & Water Assessment Tool - Input/Output Documentation Version 2012. Texas Water Resources Institute. TR-439.

RAS. 2021. RIESAME E AGGIORNAMENTO DEL PIANO DI GESTIONE DEL DISTRETTO IDROGRAFICO DELLA SARDEGNA. Terzo ciclo di pianificazione 2021-2027 - RELAZIONE GENERALE Available at: https://www.regione.sardegna.it/documenti/1_839_20220309091201.pdf

9. Creazione del progetto e delimitazione del bacino idrografico (Step 1)

9.1 Introduzione

In questo capitolo vengono descritti i passaggi necessari per la creazione del file di progetto e la delimitazione del bacino idrografico in SWAT+. L'esercitazione guidata di questo e degli altri capitoli descrive gli strumenti in ambiente Windows. Tuttavia, le versioni Linux e Mac di QGIS avranno un aspetto similare. Si ricorda che SWAT+ ha una interfaccia con comandi in lingua inglese. Come anticipato nel capitolo precedente, si presuppone che gli utenti abbiano posizionato la cartella \Dataset contenente i dati di input in un percorso di rapido accesso.

9.2 Creare un nuovo progetto

Aprire QGIS e lanciare il *plugin* QSWAT+ nella toolbar (Figura 9.1) o attraverso il menù Plugins. Come anticipato nel capitolo 4, all'apertura del *plugin* (Figura 9.2) gli utenti possono creare un nuovo progetto cliccando su **New Project**, possono aprire un progetto esistente cliccando su **Existing Project**, possono impostare le cartelle del progetto e alcuni parametri di

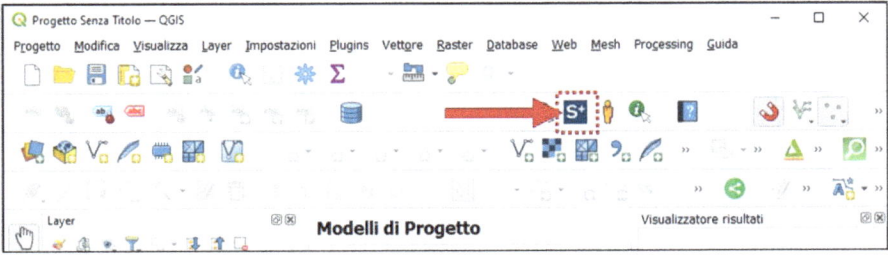

Figura 9.1 Il *plugin* di QSWAT+ in QGIS.

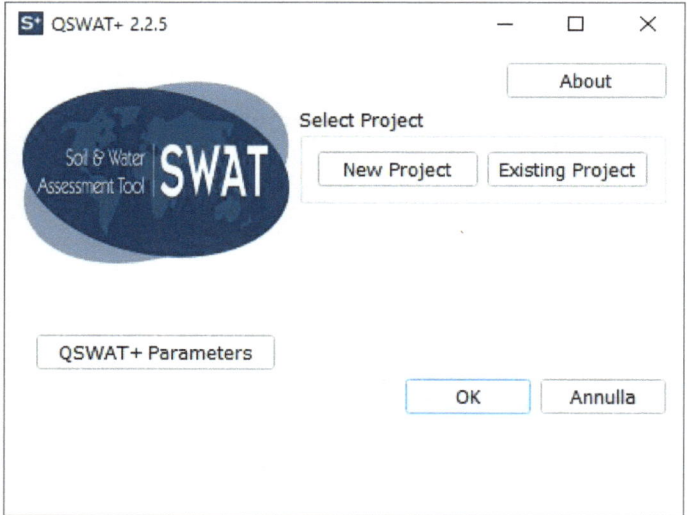

Figura 9.2 L'interfaccia di QSWAT+.

modellazione cliccando su **QSWAT+ Parameters**, oppure possono visualizzare la versione del software cliccando su **About**. Cliccare su > QSWAT+ Parameters per visualizzare la finestra che riporta la cartella di installazione del software e del componente Microsoft *Message Passing Interface* (MPI) che consente il *multiprocessing*, ovvero lo sviluppo e l'esecuzione di applicazioni parallele nella piattaforma Windows (Figura 9.3). Per utilizzare la componente Microsoft MPI gli utenti devono anche assicurarsi che sia selezionata la voce **Use MPI**.

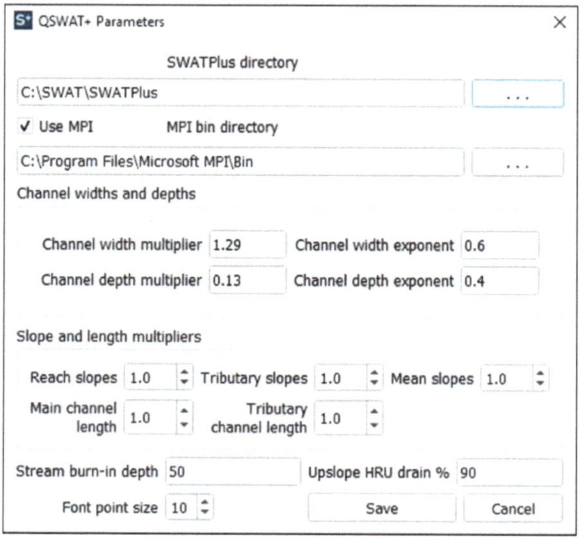

Figura 9.3 La finestra di QSWAT+ Parameters.

I settaggi che osserviamo in questa finestra relativi a **Channel width and depths** e **Slope and length multipliers** fanno riferimento a formule standard utilizzate da QSWAT+ per stimare la larghezza e la profondità dei canali e possono essere impostati ai valori di default in questo esercizio. In modo analogo, **Stream burn-in depth** e **Upslope HRU drain %** fanno riferimento a parametri impostabili ai valori di default. Per maggiori dettagli si veda la documentazione ufficiale di QSWAT+.

Per creare un nuovo progetto cliccare sul *tab* > `New Project` e selezionare la cartella di destinazione del progetto nel seguente percorso > `C:\SWAT\SWATPlus\ExampleDataset`, quindi inserire > `Sulcis` come nome del nuovo progetto nella finestra **Project name,** come indicato in Figura 9.4. Il progetto avrà il nome con estensione `Sulcis.qgs`.

Solo a questo punto saranno visibili nell'interfaccia di QSWAT+ (Figura 9.5) i primi tre step di modellazione, di cui solo lo Step 1 è attivabile con le funzionalità di **Delineate Watershed**. In calce è visibile anche il percorso della cartella del progetto.

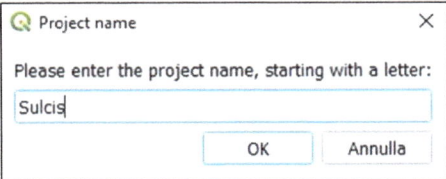

Figura 9.4 Finestra del Project name.

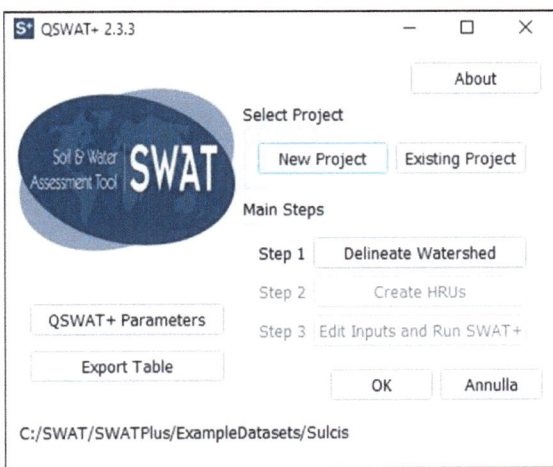

Figura 9.5 L'interfaccia di QSWAT+ con i tre step di modellazione.

9.3 Delimitare il bacino idrografico

Per avviare la delimitazione automatica del bacino idrografico, fare clic allo **Step 1** sul pulsante > `Delineate Watershed`.

Nella nuova finestra alla voce **Select DEM** selezionare dalla cartella del progetto nel percorso > `C:\SWAT\SWATPlus\Dataset\DEM\dem_10m` il file > `dem_10m.tif`.

Il DEM viene aggiunto nell'area di mappa di QGIS insieme al file **Hillshade** che viene creato in automatico da QSWAT+. Questi file vengono anche replicati e inseriti nel seguente percorso: `C:\SWAT\SWATPlus\ExampleDatasets\Sulcis\Watershed\Raster`. Si osservi in Figura 9.6 che con l'aggiunta del DEM appare anche il seguente avviso su sfondo giallo: *"Large DEM: This DEM has over 7 million cells and could take some time to process. Be patient!"*. Questo avviso apparirà tutte le volte che si inseriscono dei DEM di grandi dimensioni con oltre 7 milioni di celle che hanno un impatto sulle prestazioni di QSWAT+ nelle operazioni di visualizzazione ed estrazione della rete idrografica e del bacino.

Cliccare sul *tab* > `DEM properties` per verificare il tipo di DEM che si sta utilizzando e le caratteristiche come risoluzione, estensione geografica, sistema di coordinate.

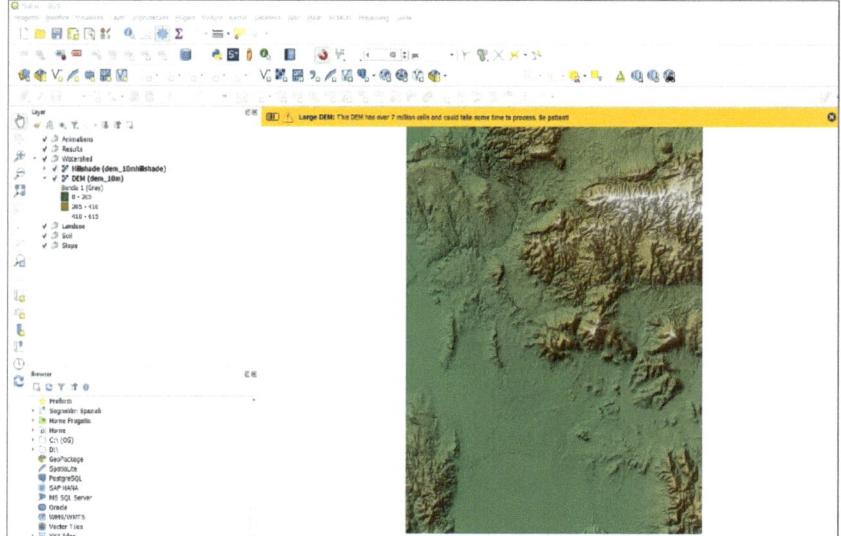

Figura 9.6. Area di mappa di QSWAT+ con il DEM dell'area di studio.

Cliccare sul *tab* > `Use existing watershed`. Questa funzione (con **Use grid model** non selezionato) consente all'utente di utilizzare un file preesistente del bacino idrografico, dei sottobacini o degli *outlets* per guidare l'estrazione e la delineazione del nuovo bacino utilizzando l'estensione geografica di questi file. Si consideri che il file del bacino idrografico deve essere uno *shapefile* poligonale (il poligono rappresenta la regione drenante) con il campo *PolygonId* di tipo intero.

Questi file devono avere il medesimo sistema di coordinate del DEM. Selezionando **Use grid model** si abilita la modellazione e la suddivisione del bacino in formato **grid**, ovvero con griglia quadrata. Le dimensioni della griglia sono definite in funzione della dimensione del pixel del DEM. Le celle della griglia sono trattate da SWAT+ come piccoli sottobacini e possono essere suddivise in unità di paesaggio e HRU.

Le griglie consentono un controllo più fine dei flussi di drenaggio, ma come controindicazione si ha un impatto sulle prestazioni della modellazione soprattutto se si usano dei DEM di grandi dimensioni. In questo libro non viene applicata questa opzione di modellazione e per maggiori dettagli si rimanda al manuale ufficiale.

Cliccare sul *tab* > `Delineate watershed`. Gli utenti possono delineare il bacino idrografico avvalendosi di una rete idrografica e di uno o più *outlet* esistenti. Spuntare in questa finestra > `Burn in existing stream network` quindi selezionare e caricare da > `C:\SWAT\SWATPlus\Dataset\Idrografia` il file > `Reteidrografica.shp`.

Il file viene aggiunto nell'area di mappa di QGIS e, come per il DEM replicato, inserito nel percorso: `C:\SWAT\SWATPlus\ExampleDatasets\Sulcis\Watershed\Shapes`. Il file rappresenta la rete idrografica dell'area di studio ed è stato estratto dalla Carta Tecnica Regionale della Regione Sardegna.

Nella finestra di lavoro sono disponibili delle soglie (*threshold*) da applicare per la creazione dei *channel* e *stream*. Possono essere impostate in base all'area, in varie unità come km² o ettari, o in base al numero di celle.

La soglia è il numero di celle (o di aree) necessarie per formare un *channel* o uno *stream*. Una cella diventerà parte di un canale o di un flusso se raggiunge almeno il valore soglia. Un valore soglia più alto comporta un minore dettaglio di queste componenti della rete idrografica in quanto sono necessarie più celle per formare un elemento.

Gli *stream* sono sezioni della rete idrografica tra punti significativi come i punti di origine, i punti di monitoraggio, le giunzioni dei corsi d'acqua, gli ingressi e gli sbocchi dei bacini idrografici. I *channel* (in questo libro li intendiamo anche con il sinonimo di **canali**) sono estensioni più fini dei corsi d'acqua e ci consentono di posizionare in modo più preciso i componenti del bacino come HRU, *landscape units*, serbatoi, stagni, sorgenti puntuali.

In **Channel threshold, Cells** inserire > 1, in **Stream threshold, Cells** inserire >11. Cliccare su > Create streams per creare la nuova rete idrografica del progetto.

Questa operazione può durare diversi minuti a seconda della dimensione del DEM e della sua risoluzione. L'estrazione della rete idrografica avviene mediante l'utilizzo degli algoritmi di TauDEM che vediamo scorrere in fondo alla finestra di lavoro. Alla fine del processo la rete idrografica appare nell'area di visualizzazione della mappa e interessa tutta l'estensione del DEM.

Spuntare in questa finestra > Use an inlets/outlets shapefile quindi selezionare e caricare dal percorso > C:\SWAT\SWATPlus\ExampleDataset\Stazioni monitoraggio il file > Outlets.shp.

Il file viene aggiunto nell'area di mappa di QGIS e inserito in: C:\SWAT\SWATPlus\ExampleDatasets\Sulcis\Watershed\Shape.

Il file sovraimpone al DEM i punti corrispondenti alle stazioni di misura (es. portate, nutrienti, ecc.). QSWAT+ utilizzerà questi punti come riferimento per la chiusura del bacino o dei sottobacini sovrastanti.

L'opzione **Draw inlets/outlets** consente di aggiungerli manualmente su mappa, ma è consigliabile crearli in anticipo in uno *shapefile* per avere un maggiore controllo dei punti nel caso si realizzi un nuovo progetto.

Cliccare su > Review snapped per collegare topologicamente questi punti alla rete idrografica creata precedentemente.

Si osservi che in **Snap threshold (metres)** è riportato il valore 300 che indica la distanza massima in metri dai *channel* e *stream* per il collegamento agli **inlets/outlets.** Nella finestra appare la scritta **6 snapped** (Figura 9.7).

Cliccare su > Create watershed per creare il bacino e i relativi

Figure 9.7 Finestra *Delineate Watershed* con i principali settaggi.

sottobacini. Il file viene aggiunto nell'area di mappa di QGIS e inserito nel percorso:

```
C:\SWAT\SWATPlus\ExampleDatasets\Sulcis\Watershed\Shape\
dem_10msubbasins.shp.
```

Possiamo osservare in mappa che il bacino è stato suddiviso in 8 sottobacini (vedi anche la tabella degli attributi), di varia forma ed estensione anche in relazione alle caratteristiche geomorfologiche. In QSWAT+ gli utenti possono unire i sottobacini di piccole dimensioni con il *tab* **Merge Subbasins** selezionando l'opzione **Select Subbasins**.

In questo libro non viene usata questa opzione in quanto i sottobacini sono nel complesso dimensionalmente omogenei. In questo modulo è presente anche il *tab* **Add Lakes**, ma in quest'area non sono presenti laghi e non useremo questa opzione.

I sottobacini possono anche essere suddivisi in unità di paesaggio chiamate **landscape units**. Sono possibili due unità di paesaggio, **floodplain** (pianura alluvionale) e **upslope** (aree in pendio). La scelta dell'opzione agisce sull'intero bacino idrografico. Secondo gli sviluppatori di SWAT+ la creazione e l'utilizzo delle **landscape units** nel modello dovrebbe migliorare la rappresentazione dei processi idrologici e quindi il bilancio finale. Per maggiori dettagli sulla creazione delle aree **floodplain** e **upslope** si veda il lavoro di Rathjens *et al.*, (2016).

Cliccare sul *tab* > `Create landscape` quindi cliccare su > `Create`. Si apre la finestra **Landscape analysis** dove sono presenti tre opzioni per creare le **landscape units**.

Il metodo **Buffer channels** considera i *floodplain* semplicemente come un'area di *buffer* intorno ai corsi d'acqua, e viene consigliato e utilizzato soprattutto quando il terreno è prevalentemente pianeggiante.

Il metodo **DEM inversion** annulla tutte le quote del DEM (ovvero moltiplicando l'elevazione per -1) e ricalcolando le direzioni di flusso, quindi calcolando la quantità di acqua che si accumula in ogni punto.

Il metodo **Branch length** calcola la lunghezza del ramo di qualsiasi coppia di punti adiacenti per identificare una cresta del DEM generando i percorsi di flusso. Gli sviluppatori di SWAT+ non indicano quale sia il metodo migliore per ogni particolare bacino idrografico, rimandando la scelta ad una analisi visiva.

In questo libro utilizziamo il metodo **DEM inversion.**

Cliccare sul *tab* > `DEM inversion` lasciando i parametri di default. Cliccare su > `Create`.

Questa operazione può durare diversi minuti a seconda della dimensione e risoluzione del DEM. Alla fine del processo appare nell'area di mappa di QGIS un file raster denominato `Floodplain` (Figura 9.8) salvato nella cartella `\Raster` che rappresenta le pianure alluvionali. A fine processo cliccare su > `Done`. Cliccare > `OK` per completare lo Step 1 e chiudere la finestra del **Delineate Watershed**.

Nella finestra principale del progetto appare la scritta **Done** che indica il completamento dello Step 1. A questo punto il *plugin* abilita l'esecuzione delle varie funzionalità dello Step 2 **Create HRUs**.

È possibile salvare e chiudere il progetto per completare gli step in un secondo momento.

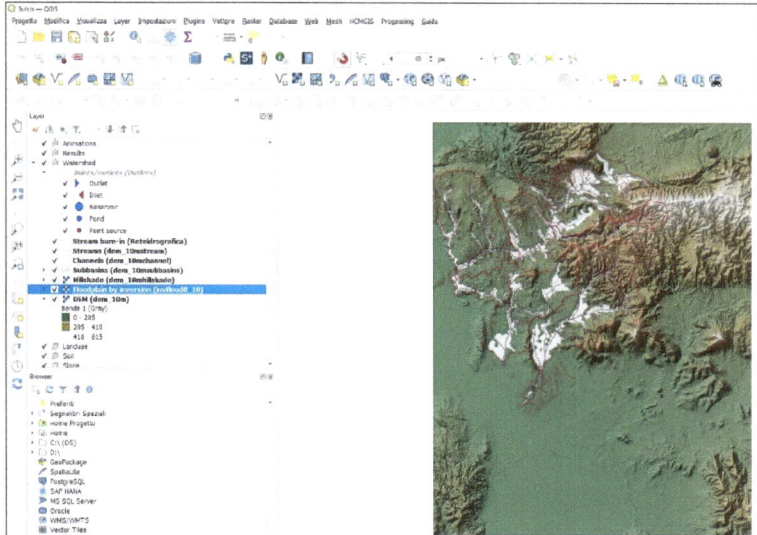

Figura 9.8 Il file *Floodplain* nell'area di mappa di QGIS.

 Inlets. L'inserimento degli *inlets* nel bacino è una opzione che consente di escludere dai calcoli del modello una parte del bacino idrografico; è il caso, per esempio, di bacini idrografici in comune con un altro Stato.

Bibliografia

Rathjens H, Bieger K, Chaubey I, Arnold JG, Allen PM, Srinivasan R, Bosch DD, Volk M. 2016. Delineating floodplain and upland areas for hydrologic models: a comparison of methods. *Hydrological Processes* **30** (23): 4367–4383 DOI: 10.1002/hyp.10918

10. Generazione delle HRU - *Hydrologic Response Unit* (Step 2)

10.1 Introduzione

Dopo aver calcolato il perimetro del bacino, è necessario calcolare i dettagli delle unità HRU che permettono di suddividere il bacino idrografico in unità idrologiche omogenee, consentendo di rappresentare meglio la risposta idrologica del sistema. Come anticipato nei capitoli precedenti, si tratta di suddivisioni del bacino in unità più piccole, ognuna delle quali ha una particolare combinazione di suolo, uso del suolo e caratteristiche topografiche, e si assume pertanto che queste unità rispondano in modo simile agli input meteorologici. L'*overlay* spaziale di file di input può portare alla creazione di tante combinazioni di unità HRU all'interno del bacino idrografico.

10.2 Creare le HRU

Aprire QGIS e lanciare il *plugin* QSWAT+ nella toolbar e cliccare sul *tab* > `Existing Project` per aprire il progetto > `Sulcis.qgs`, o in alternativa aprire il progetto dalla cartella di destinazione del progetto dal percorso > `C:\SWAT\SWATPlus\ExampleDatasets\Sulcis\Sulcis.qgs`.

All'apertura del *plugin* viene visualizzata la finestra con il primo Step 1 con lo stato **Done** come a fine procedura nel Capitolo 9.

Per avviare la creazione delle HRU, fare clic allo **Step 2** su > `Create HRUs`.

Si apre la nuova finestra **Create HRUs** che si articola in due *tab*, il primo **Landuse and soil** per l'inserimento di mappe uso del suolo e suolo, il secondo **HRU** per i settaggi.

Nella nuova finestra alla voce **Select landuse map** selezionare dalla cartella del progetto nel percorso > `C:\SWAT\SWATPlus\Dataset\Land-use\landuse` il file > `land-use.tif`.

Nella nuova finestra alla voce **Select soil map** selezionare dalla cartella del progetto nel percorso > `C:\SWAT\SWATPlus\Dataset\Suolo\suolo` il file > `suolo.tif`.

Come per il DEM anche questi file vengono replicati e inseriti nel percorso: `C:\SWAT\SWATPlus\ExampleDatasets\Sulcis\Watershed\Raster`. Alla voce **Select landuse and soil database** viene mostrato il percorso al database `Sulcis.sqlite` creato in automatico da QSWAT+ che conterrà i database del suolo e dell'uso del suolo.

Una volta inserite le mappe occorre associare i valori numerici dei pixel, che esprimono il contenuto informativo delle stesse, alle classi di suolo e di uso del suolo. Questa operazione viene fatta mediante l'utilizzo di *lookup table.* Come riportato nel Capitolo 8, un file *lookup table* è una tabella usata per associare a dei dati in ingresso (il contenuto informativo numerico dei pixel delle mappe) dei dati in uscita, spesso di grandi dimensioni, contenuti nei database degli usi del suolo e suolo.

A tal fine, bisogna specificare nel *tab* **Soil data** la tipologia di dati sul suolo che si intende utilizzare nel progetto. Nel nostro caso, selezionare > `usersoil`. Questa scelta va sempre fatta per tutti gli utenti di QSWAT+ che lavorano in aree di studio al di fuori degli Stati Uniti. Infatti, le altre opzioni STATSGO e SSURGO/STATSGO2 fanno riferimento a dataset direttamente utilizzabili in QSWAT+ ma disponibili solo per questo paese.

Selezionare nel *tab* **Tables** in > `Landuse lookup` dal menù a tendina l'opzione > `Use csv file`.

Nella nuova finestra selezionare dal percorso > `\Dataset\Land-use\landuse` il file > `Sulcis_landuses.csv`. Questo file è la *lookup table* che associa ai codici numerici della carta dell'uso del suolo i codici di uso del suolo presenti nel database di SWAT+. I file `plant.csv` e `urban.csv` nella cartella `\Land-use` riportano tutte le piante e i codici disponibili in QSWAT+.

Selezionare nel *tab* **Tables** in > `Soil lookup` dal menù a tendina l'opzione > `Use csv file`.

Nella nuova finestra selezionare dal percorso > `\Dataset\Suolo\suolo` il file > `Sulcis_soils.csv`.

Come per l'uso del suolo, questo file *lookup table* associa ai codici numerici della carta pedologica i codici delle unità di mappa presenti nel database pedologico.

Selezionare in > `Usersoil` dal menù a tendina l'opzione > `Use csv file`. Nella nuova finestra selezionare dal percorso > `\Dataset\Suolo` il file > `Sulcis_usersoil.csv`.

Questo file rappresenta il database pedologico dell'area di studio e contiene per ogni unità di mappa tutti i dati richiesti dal modello come gruppo idrologico, tessitura, profondità, ecc.

Nel *tab* **Tables** è indicato il percorso del database delle colture **Plant** e delle aree urbane **Urban** che riportano tutti gli elementi necessari per far girare il modello. Questi database sono già contenuti in SWAT+ e non necessitano di modifiche (salvo casi specifici come, ad esempio, l'inserimento di nuove colture).

Selezionare nel *tab* **Set slope bands (%)** uno o più intervalli tra le classi iniziali mostrate a video [0,9999]. Inserire la classe > `5` quindi > `Insert`, inserire la classe > `10` quindi > `Insert`. Nel riquadro **Slope bands** dovremmo osservare le seguenti classi: [0, 5, 10, 9999].

Queste classi servono per discretizzare le HRU in base ai valori di pendenza medi inseriti: 0-5%, 5-10% e superiore a 10%. Si consideri che l'utente può decidere in autonomia se utilizzare altri intervalli o più classi.

Selezionare nel *tab* **Select floodplain map** dal menù a tendina il file > `invflood0_10.tif`. Questo file rappresenta le aree **floodplain** create in precedenza nel Capitolo 9 per dividere i nostri sottobacini in unità di paesaggio. Nel *tab* **Short channel merge** si possono unire piccoli canali della rete idrografica che risultano insignificanti e allungano i tempi di calcolo. Inserire il valore > `20` nel box. In **Reservoir threshold** lasciare il valore a video predefinito.

In **Generate Full HRUs shapefile** inserire il flag sulla cella per creare lo *shapefile* delle HRU.

Cliccare su > `Read`. QSWAT+ legge i file di input per creare le HRU potenziali. Questa operazione può durare diversi minuti a seconda della dimensione dei dati di input.

Dopo questa operazione si notano dei cambiamenti nell'area di visualizzazione della mappa. Vengono aggiunte le mappe **Slope bands**, le

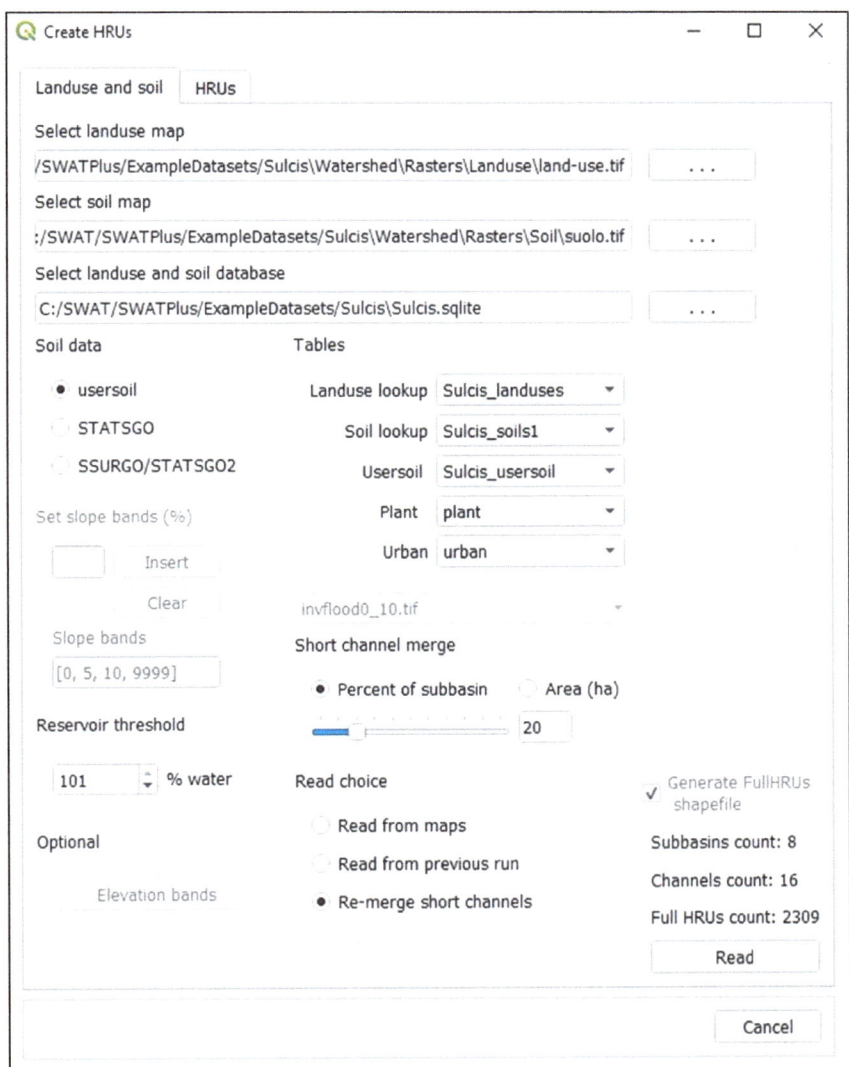

Figura 10.1 Finestra **Create HRUs** con i principali settaggi. Si osservi il calcolo delle HRUs potenziali, dei *channel* e dei sottobacini.

mappe **Landuses** e **Soils** e gli *shapefile* delle HRUs e LSUs. La finestra riporta il calcolo teorico per **Subbasins count**, **Channels count**, **Full HRUs count** (Figura 10.1) e, se si accettano le impostazioni di partenza, verranno confermati i valori riportati. Contestualmente, nella finestra QSWAT+ cliccando su > `Select report to view` è possibile accedere ai report in formato `.txt` delle ripartizioni in ettari e in percentuale delle classi dell'uso del suolo, suolo e delle quote del bacino idrografico.

Nella finestra Create HRUs cliccare sul *tab* > HRUs. In **Optional** è possibile disaggregare le classi di uso del suolo in presenza di classi generiche. Per esempio, la classe AGR (*Agricultural land generic*) può essere suddivisa in due unità per indicare la presenza di due crop (per esempio, mais e sorgo). In questo esercizio non si utilizza il comando. Per maggiori dettagli si veda il manuale ufficiale di QSWAT+.

Nella sezione **Single/Multiple HRUs** sono disponibili diverse opzioni per la creazione finale delle HRU. L'opzione **Dominant land use, soil, slope** e **Dominant HRU** fornisce solo una HRU per ogni unità di paesaggio (vedere le info dinamiche al passaggio del cursore sul tema). Questa opzione sceglie l'uso del suolo, il suolo e l'intervallo di pendenza con l'area più grande nell'unità di paesaggio, e li usa per l'intera unità di paesaggio.

L'opzione **Filter by landuse, soil, slope** rimuove delle HRU in base a delle soglie definite per uso del suolo, suolo e pendenza. L'opzione **Filter by area** rimuove delle HRU in base a una soglia sull'area. Le opzioni presenti in **Threshold method** servono per applicare i valori percentuali o assoluti (ettari). Risulta evidente che l'applicazione delle soglie alle HRU può alleggerire i tempi di calcolo, ma può portare ad una considerevole perdita di informazioni con un impatto sostanziale sulla simulazione dei sedimenti e nutrienti.

Per questo esercizio scegliere l'opzione > Filter by area senza applicare una soglia in **Area threshold**. Una soglia dello 0% comporta che tutte le combinazioni di HRU siano mantenute (si parla di modello *full* HRU). Cliccare su > Create HRUs per completare l'operazione.

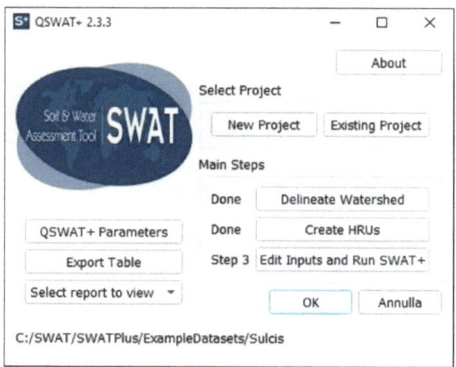

Figura 10.2 L'interfaccia di QSWAT+ con i primi due step di modellazione completati.

A fine elaborazione nella finestra principale del progetto appare la scritta **Done** sullo Step 2 (Figura 10.2). Contestualmente nella finestra QSWAT+ è possibile accedere ai report in formato `.txt` delle HRU cliccando `> Select report to view`.

Salvare e chiudere il progetto. Ora è possibile procedere con lo Step 3 **Edit Inputs and Run SWAT** avviando l'Editor SWAT+, impostare gli altri parametri e i dati di input necessari ed eseguire il modello SWAT+.

10.3 Analisi dei report

Nella finestra QSWAT+ nel *tab* **Reports** selezionare dal menù a tendina `> Select report to view` e selezionare `> Elevation`. Si apre il file `TopoRep.txt`. Questo file riporta le statistiche sulle quote di elevazione per bacino e sottobacini, riportando anche le quote massime, minime e medie.

Nel *tab* Reports dal menù a tendina `> Select report to view` selezionare `> Landuse and Soil`. Si apre il file `LanduseSoilSlopRepSwat.txt`.

Questo file riporta le statistiche sull'uso del suolo nel bacino e nei sottobacini. Possiamo vedere nell'intestazione il numero di sottobacini, *channel*, LSU, area totale del bacino, ecc. (Figura 10.3).

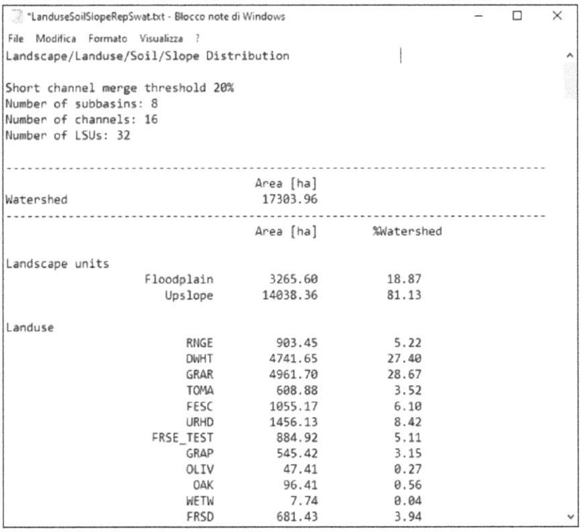

```
*LanduseSoilSlopeRepSwat.txt - Blocco note di Windows
File  Modifica  Formato  Visualizza  ?
Landscape/Landuse/Soil/Slope Distribution

Short channel merge threshold 20%
Number of subbasins: 8
Number of channels: 16
Number of LSUs: 32

--------------------------------------------------------------------
                                  Area [ha]
Watershed                          17303.96
--------------------------------------------------------------------
                                  Area [ha]          %Watershed

Landscape units
                      Floodplain    3265.60              18.87
                         Upslope   14038.36              81.13

Landuse
                            RNGE     903.45               5.22
                            DWHT    4741.65              27.40
                            GRAR    4961.70              28.67
                            TOMA     608.88               3.52
                            FESC    1055.17               6.10
                            URHD    1456.13               8.42
                       FRSE_TEST     884.92               5.11
                            GRAP     545.42               3.15
                            OLIV      47.41               0.27
                             OAK      96.41               0.56
                            WETW       7.74               0.04
                            FRSD     681.43               3.94
```

Figura 10.3 Report sulle statistiche dell'uso del suolo.

Nel *tab* Reports dal menù a tendina > `Select report to view` selezionare > `HRUs`. Si apre il file `HruLanduseSoilSlopeRepSwat.txt`. Questo file riporta le statistiche sulla ripartizione delle carte di suolo, uso del suolo e pendenze nelle HRU nel bacino e nei sottobacini.

 Le HRU sono state sviluppate per disaggregare un bacino idrografico in unità più piccole al fine di catturano e rappresentare l'eterogeneità del paesaggio all'interno di un modello concettuale. Le HRU sono basate sul concetto che non vi sia mai interazione tra le HRU di uno stesso sottobacino. I deflussi di ciascuna HRU sono calcolati separatamente e poi sommati per determinare i carichi totali del sottobacino. Le HRU sono state applicate in SWAT negli anni 90' come parte del progetto HUMUS - *Hydrologic Unit Model for the United States* (Srinivasan *et al.*, 1998).

Bibliografia

Srinivasan R, Arnold JG, Jones CA. 1998. Hydrologic M ode lling of the Unite d States with the Soil and Water A sse ssme nt Tool. *Water Resources Development* **14**: 3–15

11. Inserimento dati climatici e *run* del modello (Step 3)

11.1 Introduzione

Dopo aver delineato il bacino idrografico e calcolato le HRU, in questo step vengono introdotti nel progetto i dati meteoclimatici e impostati l'arco temporale, eventuali parametrizzazioni e gli output richiesti (per esempio componente idrologica, inquinanti, ecc.) ed eseguito il *run* del modello.

In questo capitolo non verranno applicate parametrizzazioni di dettaglio in quanto lo scopo è quello di descrivere e indirizzare l'utente con il *set* minimo di operazioni necessarie per completare lo Step 3 e la prima simulazione. Come anticipato nei capitoli precedenti, in questo esercizio viene utilizzato un dataset meteoclimatico già pronto ed elaborato secondo il formato richiesto da SWAT+.

11.2 Inserimento dati in SWAT+ Editor

Aprire QGIS e lanciare il *plugin* QSWAT+ nella *toolbar* e cliccare sul *tab* > `Existing Project` per aprire il progetto > `Sulcis.qgs`, o in alternativa aprire il progetto dalla cartella di destinazione del progetto dal percorso > `C:\SWAT\SWATPlus\ExampleDatasets\Sulcis\Sulcis.qgs`.

All'apertura del *plugin* viene visualizzata la finestra con gli Step 1 e Step 2 con lo stato **Done** come a fine procedura nel Capitolo 10.

Per avviare la procedura di inserimento dei dati meteoclimatici, fare clic allo **Step 3** su > `Edit Inputs and Run SWAT+`. Si apre la nuova finestra "**SWAT+ Editor**". Al centro della finestra appare la sottofinestra "**SWAT+ Editor Project from QSWAT+**". Questa finestra ci informa che è la prima volta che si apre il progetto QSWAT+ nell'Editor SWAT+ e che sarà necessario importare i dati GIS nelle componenti di SWAT+. Questa operazione può richiedere da pochi secondi a diversi minuti, a seconda delle dimensioni del progetto.

Alla voce **Project display name** c'è la possibilità di modificare il nome del progetto (viene riportato il nome Sulcis). È anche possibile utilizzare una versione chiamata SWAT+lite con funzionalità del modello semplificate (non trattata in questo libro).

Confermare il nome del progetto e cliccare su > Start. Come indicato in precedenza, vengono importati in SWAT+ Editor gli elementi del progetto calcolati negli step precedenti. Scorrendo con il cursore del mouse sul *tab* a sfondo blu sulla prima icona posta in alto a sinistra e denominata "**Project setup and information**" osserviamo un cruscotto riassuntivo con i principali dati del progetto (Figura 11.1).

In questa finestra in SWAT+ Editor viene riportato il percorso del progetto, l'area totale in ettari, la versione di SWAT+ Editor e QSWAT+, il numero di oggetti identificati nello Step 2 come sottobacini, acquiferi e *landscape units*. Scorrendo con il cursore del mouse sul grafico a torta della distribuzione di uso del suolo è possibile osservare la percentuale ed estensione in ettari delle classi. Cliccare sull'icona a forma di matita > Edit SWAT+ inputs.

La finestra di SWAT+ Editor visualizza sezioni e sottosezioni che consentono

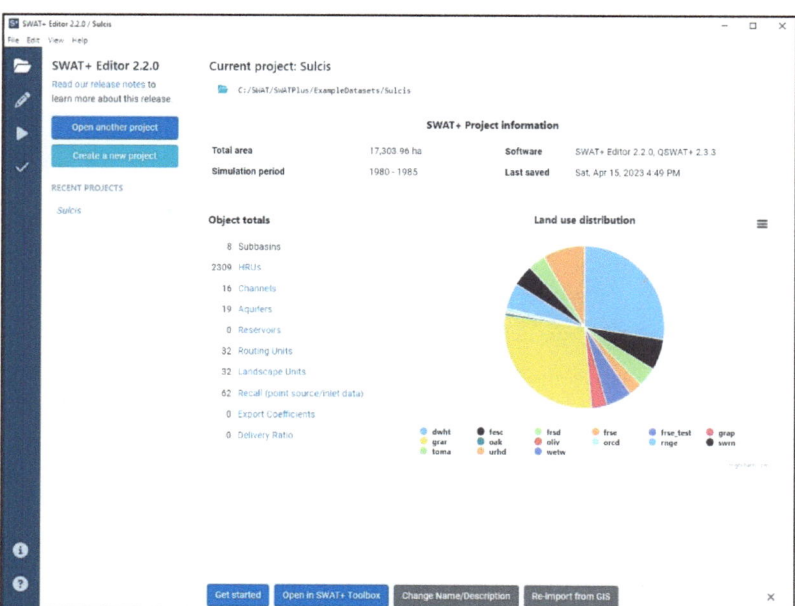

Figura 11.1 Cruscotto di SWAT+ Editor.

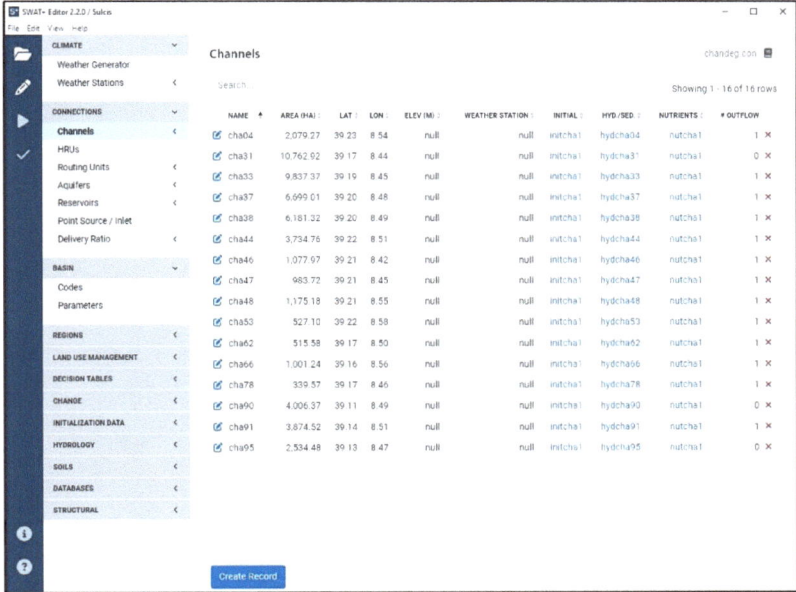

Figura 11.2 Sezioni e sottosezioni dell'icona Edit SWAT+ inputs.

di inserire i dati climatici alla voce "**CLIMATE**", impostare parametri degli oggetti del bacino alla voce "**CONNECTIONS**", parametri a livello di bacino alla voce "**BASIN**", ed ulteriori parametrizzazioni nelle varie sezioni riportate in Figura 11.2.

Nella sezione CLIMATE di SWAT+ Editor cliccare su > `Weather Generator`. Cliccare su > `Import Data`. Al centro della finestra appare la sottofinestra "**Import Weather Generator Data**". Questa consente di importare nel database `.sqlite` del progetto il database meteo **Weather Generator** installato nel Capitolo 7. La finestra riporta il formato dei dati, il percorso del dataset e il nome della tabella nel database.

Selezionare > `Check if you are using observed weather data` per confermare che si vogliono utilizzare nel progetto anche dati meteoclimatici misurati (il dataset descritto nel Capitolo 8).

Cliccare su > `Start`. A fine importazione appaiono nella finestra 12 stazioni meteo individuate dal "Weather Generator" come quelle più prossime all'area di studio (si vedano le coordinate latitudine e longitudine), e che si potrebbero utilizzare per applicare il modello senza fare ricorso a dati osservati e misurati. Per ogni stazione è riportato il nome, le coordinate geografiche, la quota e gli anni di pioggia disponibili. Cliccando sulla singola stazione sull'icona ("edit") è possibile analizzare in dettaglio il dataset, che riporta una serie di statistiche descrittive per ogni mese dell'anno come temperatura massima e minima, precipitazioni medie.

Nella sezione CLIMATE di SWAT+ Editor cliccare su > `Weather Stations`. In questa sezione possiamo introdurre i dati misurati in stazioni meteo al suolo (*observed data*). La sottosezione "**Atmospheric Deposition**" consente di introdurre anche dati sulle deposizioni atmosferiche.

Cliccare su > `Import Data`. Al centro della finestra appare la sottofinestra "**Import Observed Weather Data**". In "**Select your data format**" confermare il formato di dati SWAT2012/Global Data Website. In questo esercizio utilizziamo i dati meteoclimatici nel formato `.txt` che devono avere il formato specificato in Figura 11.3 e il formato e la struttura dati vista nel Capitolo 8.

In "**SWAT2012 weather files directory**" cliccare su > `Browse` e selezionare la cartella contenente i dati meteoclimatici dal seguente percorso > `C:\SWAT\SWATPlus\Dataset\Meteo\37326`. In "**Directory to save your SWAT+ weather files**" lasciare il percorso indicato. I dati verranno importati nella cartella `\Sulcis\Scenarios\Default\TxtInOut`. Cliccare su > `Start`.A fine importazione appare nella finestra una stazione meteo con le variabili associate. Cliccare direttamente sull'icona **edit** a fianco del nome della stazione per visualizzare i dati.

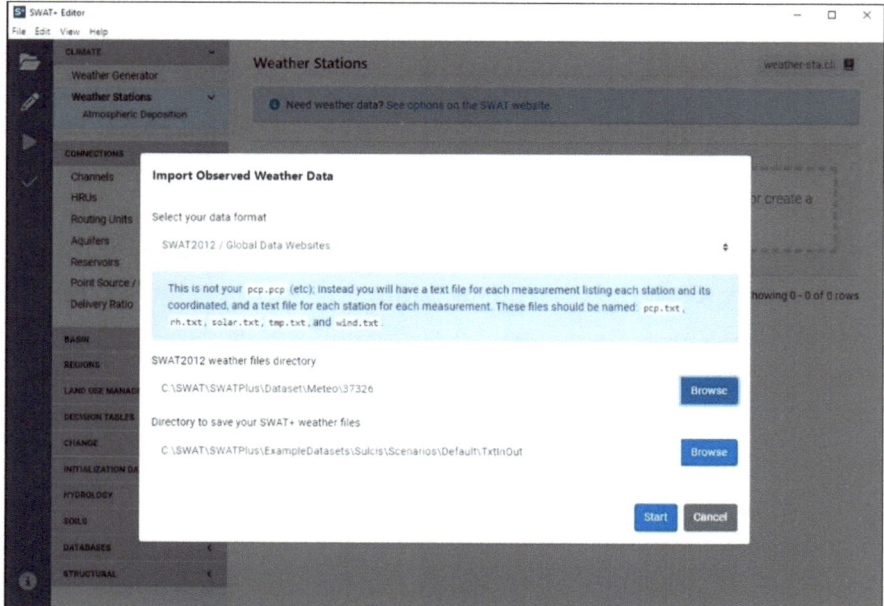

Figura 11.3 Finestra per l'importazione dei dati meteoclimatici.

11.3 Sezioni e sottosezioni in SWAT+ Editor

L'operazione di input dei dati meteoclimatici nella sezione CLIMATE è l'ultima azione necessaria prima di connettere e salvare tutti gli input nel database di SWAT+ per eseguire il modello. Pertanto, le altre sezioni e sottosezioni di SWAT+ Editor servono unicamente per parametrizzare e adattare il modello in via di costruzione in base alle specifiche caratteristiche dell'area di studio, ma anche in base al tipo di dati e alla accuratezza. In questo paragrafo vedremo una panoramica delle principali funzionalità di queste sezioni, senza applicare particolari parametrizzazioni, mentre per una descrizione dettagliata si veda la documentazione ufficiale di SWAT+ Editor.

La maggior parte delle sezioni sono una rappresentazione letterale dei file di input di SWAT+. Le intestazioni in grigio con menù a tendina (Figura 11.2) corrispondono alle linee di sezione del file master `.cio` posto nella cartella `\Sulcis\Scenarios\Default\TxtInOut`.

Cliccare su > `CLIMATE` > `Weather Stations` > `Atmospheric Deposition`. Questa sottosezione permette di inserire nel modello le deposizioni atmosferiche misurate da una o più stazioni di misura con intervallo temporale mensile, annuale o media annuale. Il formato di dati può essere di tipo `.csv`, e devono essere collegate alle stazioni meteoclimatiche inserite in precedenza (in questo esercizio si utilizza una sola stazione).

Cliccare su > `Import Data`. Si apre la finestra "**Import Atmospheric Deposition Data**" che guida all'inserimento dei dati. È possibile scaricare dei *template* di esempio come guida alla compilazione del dataset. Le deposizioni atmosferiche possono riferirsi ai solfuri, all'ozono, al particolato, ma le più interessanti ai fini del modello in SWAT+ sono quelle relative ai carichi di azoto.

Cliccare su > `CONNECTIONS`. Questa sezione contiene tutte le connessioni degli oggetti spaziali per l'esecuzione della simulazione. In SWAT+ esistono molte relazioni tra gli oggetti. Si ricorda che i canali (*channels*), HRU, acquiferi, laghi, *inlet* e *outlet* sono considerati oggetti tutti spazialmente connessi, e le loro proprietà possono essere impostate attraverso questa sezione.

Le stesse stazioni meteo sono connesse spazialmente a questi oggetti. Ad esempio, quando si fa clic sui canali, si vedranno comparire altri link di menù per la qualità delle acque, l'idrologia, i sedimenti e i nutrienti. Tutti i campi della tabella delle proprietà del canale sono collegati a righe di altre tabelle.

La maggior parte dei dati è presentata in formato tabellare. Quando si fa clic su una riga, viene presentato un modulo in cui è possibile effettuare modifiche e salvare. I dati in tabella si possono ordinare in senso ascendente o discendente, come indicato dalle frecce accanto al nome.

Cliccare su `> Channels`. Sono visualizzati i 16 canali creati nello Step 2. È presente un'icona di modifica/visualizzazione all'estrema sinistra per accedere ai dati della riga e un'icona di cancellazione posta sulla destra. Si consiglia di non eliminare le righe a meno che non si sia assolutamente certi della modifica da apportare. A causa delle relazioni tra i dati in SWAT+, l'eliminazione di record potrebbe avere effetti indesiderati e/o compromettere la funzionalità del modello.

Nella casella di ricerca in alto (*Search…*), si può digitare il nome degli oggetti che si desidera trovare. Le opzioni corrispondenti appariranno nella tabella. Cliccare su `> Hydrology & Sediment`, quindi cliccare su `> hydcha04` in corrispondenza dell'icona di modifica/visualizzazione. Questa sottosezione contiene vari parametri relativi alle componenti che regolano il comportamento idrologico nei canali e il flusso dei sedimenti. Eventuali modifiche nella finestra andranno salvate cliccando su "**Save Changes**". Cliccando su "Back" si torna alla schermata precedente.

Se si desidera applicare le modifiche a un campo per più oggetti contemporaneamente, è possibile utilizzare la modalità "**Make changes to multiple records**...".

Nella pagina del modulo di modifica dell'oggetto, fare clic sulla freccia a destra del pulsante "**Save Changes**", quindi fare clic su "Make changes to multiple records...". Si accede alla modalità "**bulk edit mode**".

Come possiamo osservare in Figura 11.4, nella modalità "bulk edit mode" una modifica ai parametri **Hydrology & Sediment** visualizzati può essere applicata contemporaneamente a più sottobacini e oggetti corrispondenti come HRU, *channels*, e così via. Per prima cosa, selezionare gli oggetti che si desidera modificare, ed eventualmente filtrare la selezione per sottobacino.

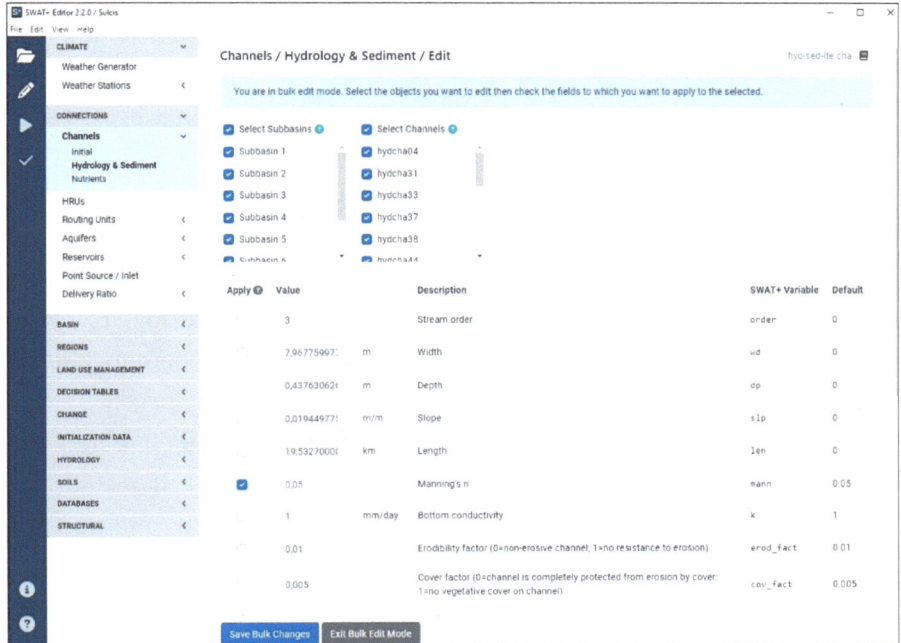

Figura 11.4 Finestra di modifica dati in modalità "Bulk edit mode".

Se si sta modificando un oggetto a livello di HRU, è possibile filtrare anche in base all'uso del suolo. Si possono scegliere i campi che si desidera modificare facendo clic sulla casella di controllo a sinistra del campo. Nell'esempio in Figura 11.4 è stata selezionata la casella relativa a "Manning's n". Si può modificare il valore visualizzato e salvare facendo clic su "Save Bulk Changes" Il valore verrà aggiornato con il nuovo valore per ogni canale selezionato.

Cliccare su > BASIN. Questa sezione contiene gli attributi generali del bacino idrografico nelle sottosezioni "**Codes**" e "**Parameters**" che controllano una serie di processi fisici a livello di bacino. Le interfacce impostano automaticamente questi parametri ai valori predefiniti o consigliati elencati nella documentazione della variabile. Gli utenti possono utilizzare i valori predefiniti o modificarli per riflettere meglio ciò che accade in un determinato bacino idrografico.

Cliccare su > HRUs. Questa sezione mostra tutte le HRU e i loro attributi per righe in ordine crescente; il loro numero è mostrato nella scritta in alto a destra. Come visto per i *channel*, anche questi oggetti si possono selezionare andando ad editare i valori predefiniti.

Si osservi che anche le altre sottosezioni "Routing Units", "Aquifers", "Reservoirs", Point Source", e "Delivery Ratio" sono organizzate per tabelle contenenti i parametri specifici di modellazione.

Cliccare su > BASIN > Codes. Le sottosezioni "Codes" e "Parameters" contengono gli attributi generali che controllano una serie di processi fisici a livello di bacino. Le interfacce di queste sottosezioni impostano automaticamente questi parametri sui valori predefiniti o consigliati elencati nella documentazione delle variabili. Anche in queste sottosezioni, gli utenti possono utilizzare i valori predefiniti o modificarli per riflettere meglio ciò che accade in un determinato bacino idrografico.

Cliccare su > Codes. In questa sottosezione è presente il parametro **"Potential ET method code"** che consente di selezionare il metodo da utilizzare per il calcolo della evapotraspirazione. Di *default* è settato su "1 - Penman/Monteith method". Gli utenti posso selezionare anche "Priestley-Taylor method", "Hargreaves method" o utilizzare un proprio file di evapotraspirazione potenziale scegliendo "3 - Read in potential ET values".

Cliccare su > LAND USE MANAGEMENT. Questa sezione contiene i dati di input per le operazioni di lavorazione del terreno, la semina o impianto delle colture, le applicazioni di nutrienti e di fitofarmaci, e l'irrigazione. In questo file sono memorizzate anche le informazioni relative ai parametri relativi alle aree urbane.

Cliccare sulla sottosezione > Land Use Management. Questa sottosezione è il punto di ingresso dei dati di gestione in SWAT+. Comprende collegamenti incrociati con diverse altre sezioni di dati. Si accede a questi dati anche dalla sezione delle proprietà della HRU poiché ognuna possiede uno specifico *land use*.

Come possiamo osservare in Figura 11.5, sono elencate le 15 righe di *land use* (14 colture e la classe urbanizzato "urhd_lum") presenti nel bacino idrografico del Sulcis. Questi usi del suolo provengono dalla carta di uso del suolo e dalla *lookup table* che è stata introdotta nel modello nello Step 2 del capitolo precedente. Viene riportato il nome della coltura in "NAME", il collegamento al database delle colture in "PLANT COMM.", il collegamento alle operazioni di gestione colturale in "MANAGEMENT SCH", e così via.

Cliccare su > dwht_lum in corrispondenza dell'icona di modifica/visualizzazione. Si apre la finestra dell'uso del suolo del grano

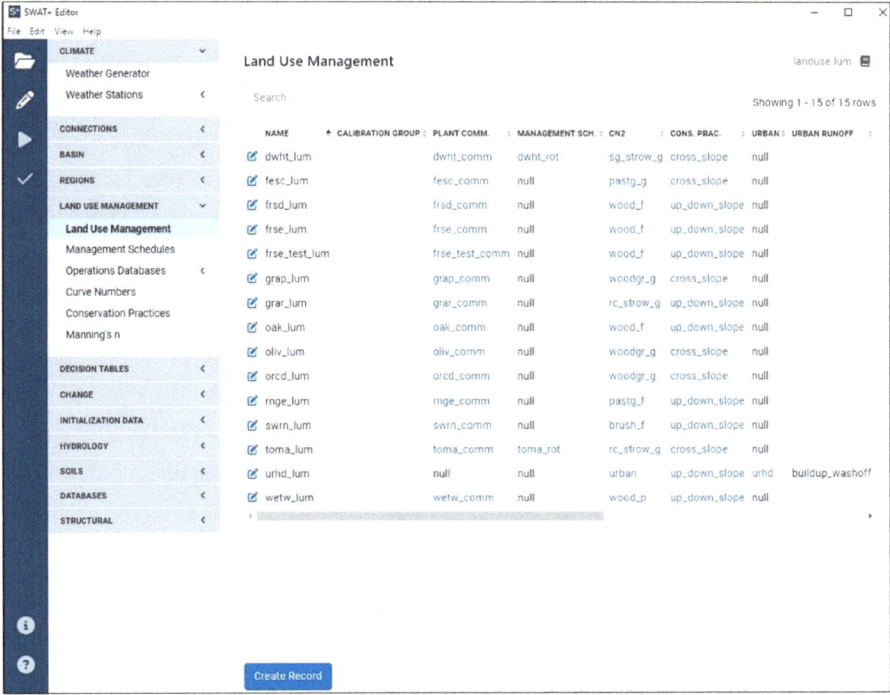

Figura 11.5 Finestra di modifica dati del Land Use Management.

duro (**dwht_lum**) che consente di apportare modifiche di dettaglio a vari parametri collegati a questa coltura, da quelli generali che regolano la crescita della pianta (**Plant Community**), alla gestione colturale (**Management Schedules**). Questi parametri, come visto in precedenza, sono tutti collegati tra di loro mediante tabelle relazionate. Anche per queste tabelle, è possibile utilizzare la modalità "Make changes to multiple records...", ed eventuali modifiche nella finestra andranno sempre salvate cliccando su "Save Changes".

Cliccare sulla sottosezione > Management Schedules. Questa sottosezione contiene i programmi di gestione delle colture che comprendono programmi automatici (**decision tables**) e/o programmi operativi (**operations schedules**).

Quando si costruisce un modello in SWAT+ importando la tabella delle colture, vengono assegnati programmi automatici per la gestione in base all'uso del suolo. Ad esempio, l'avena è una coltura annuale fredda. Se questa coltura è presente nelle HRU, quando si importano i dati di uso del suolo viene creata una tabella decisionale denominata pl_hv_oats basata sul modello `pl_hv_wwht` che regola in automatico la semina della coltura, crescita e gestione colturale fino alla raccolta e morte della pianta. L'utente può intervenire nella finestra **Management Schedules** per creare nuove scede di gestione personalizzate. In questo libro non vengono applicate schede di gestione colturale personalizzate ma si utilizzano i parametri automatici proposti di default. Cliccare sulle altre sottosezioni **Operations Databases** e **Conservation Practices** per visualizzare le opzioni legate alle varie operazioni colturali come irrigazione, raccolta, applicazione di fitofarmaci, ecc. Cliccare su > DECISION TABLES. Questa sezione contiene le tabelle decisionali ("decision tables") che sono un modo preciso e compatto per modellare insiemi di regole complesse e le azioni corrispondenti associando le condizioni imposte dall'utente alle azioni da eseguire. Le "decision tables" sono strutturate in: 1) condizioni (Conditions); 2) alternative di condizione (Condition alternatives); 3) Azioni (Actions); 4) Regole di azione (Action entries). Ogni decisione corrisponde ad una variabile o ad una relazione i cui possibili valori sono elencati tra le alternative di condizione. Ogni azione è una procedura o un'operazione da eseguire e le voci specificano se (o in quale ordine) l'azione deve essere eseguita per l'insieme di alternative di condizione a cui la voce corrisponde. In SWAT+ ci sono quattro sezioni decision table: "land use management", "reservoir release", "scenario land use", "flow conditions". Per una descrizione dettagliata sull'applicazione di decision table per una coltura si veda la documentazione ufficiale di SWAT+ Editor.

Visualizzare le rimanenti sezioni CHANG", SOILS, DATABASES, e così via. Si osservi che da queste sezioni e dalle loro sottosezioni è possibile accedere a tabelle già viste in precedenza in quanto tutti gli oggetti del bacino e le tabelle sono collegate tra di loro. Per esempio, dalla sottosezione **Plants** contenuta in DATABASES si possono visualizzare tutte le colture contenute nel database di SWAT+ in cui si trova anche la riga di dati per l'uso del suolo del grano duro (**dwht_lum**) vista in precedenza.

11.4 *Run* del modello

Nella finestra di SWAT+ Editor spostarsi sul *tab* a sfondo blu e cliccare sull'icona a forma di triangolo > Run SWAT+. In questa sezione in SWAT+

Editor vengono riproposti i settaggi principali del modello in **Confirm Simulation Settings**.

In **Chose where to write your input files** è possibile modificare il percorso di salvataggio dei risultati. Lasciare il percorso predefinito proposto alla cartella \Sulcis\Scenarios\Default\TxtInOut.

In **Set your simulation period** è possibile definire l'intervallo di simulazione. Si osservi che le date di simulazione proposte a video corrispondono al dataset meteoclimatico utilizzato in questo esercizio, come descritto nel Capitolo 6.

In Set your simulation period, cliccare su > Advanced user options…. Il *time step* di modellazione è correttamente impostato su *Daily* in quanto i nostri datti hanno risoluzione giornaliera.

Cliccare su > Choose output to print, quindi su > Advanced user options. In questa finestra l'utente può decidere il tipo di output da far stampare al modello e l'intervallo temporale (su base giornaliera, mensile annuale). Inserire in > Warm-up period il valore > 3. Il **Warm-up period** (tempo di riscaldamento) è il tempo che serve al modello per impostare condizioni tipiche del normale funzionamento del sistema che si sta simulando; per questo periodo di tempo non vengono stampati i risultati.

Cliccare su > Monthly > Yearly > Average, quindi deselezionare (togliere il flag) di tutte le HRU in corrispondenza di "Monthly". Per la prima simulazione del modello si consiglia di stampare i risultati solo su scala mensile, annuale e media totale, senza stampare i risultati su scala giornaliera e delle HRU per non allungare i tempi di simulazione. In **Advanced user options** …. Cliccare su > Print output files in CSV per stampare i risultati anche in formato .csv.

A questo punto tutti i settaggi sono stati definiti e si può far partire la simulazione. Cliccare su > Save Settings & Run Selected. La finestra di SWAT+ Editor assume un colore grigio di sfondo e appare una barra che indica la progressione dei singoli anni di simulazione rispetto ai 31 anni totali di simulazione (Figura 11.6). A fine simulazione appare una finestra di riepilogo come in Figura 11.7. I risultati della simulazione sono stati salvati nella cartella \TxtInOut, ma cliccando su "Save Scenario" si può creare un nuovo percorso e una nuova cartella. Chiudere QSWAT+ e SWAT+ Editor. L'analisi di dettaglio dei risultati viene eseguita nel capitolo successivo.

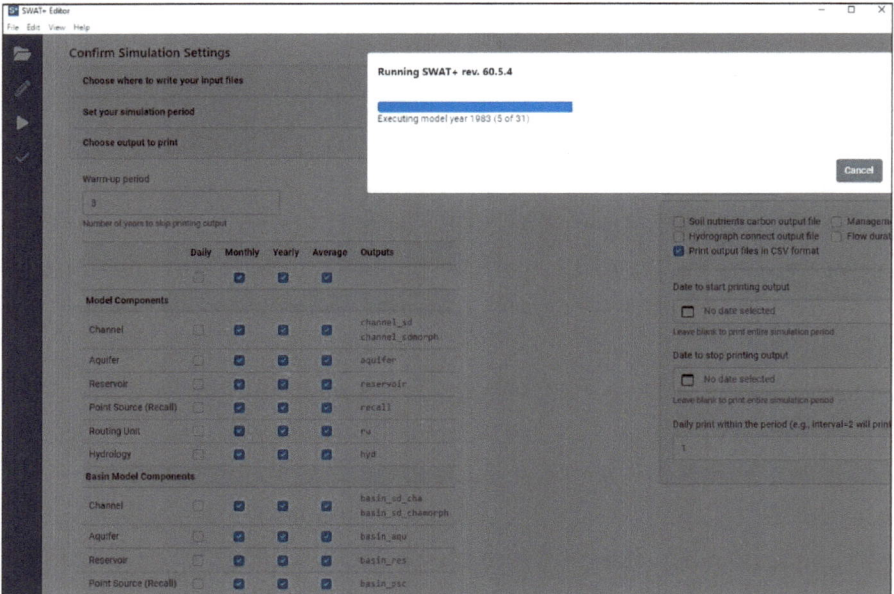

Figura 11.6 Finestra di progressione della simulazione in SWAT+ Editor.

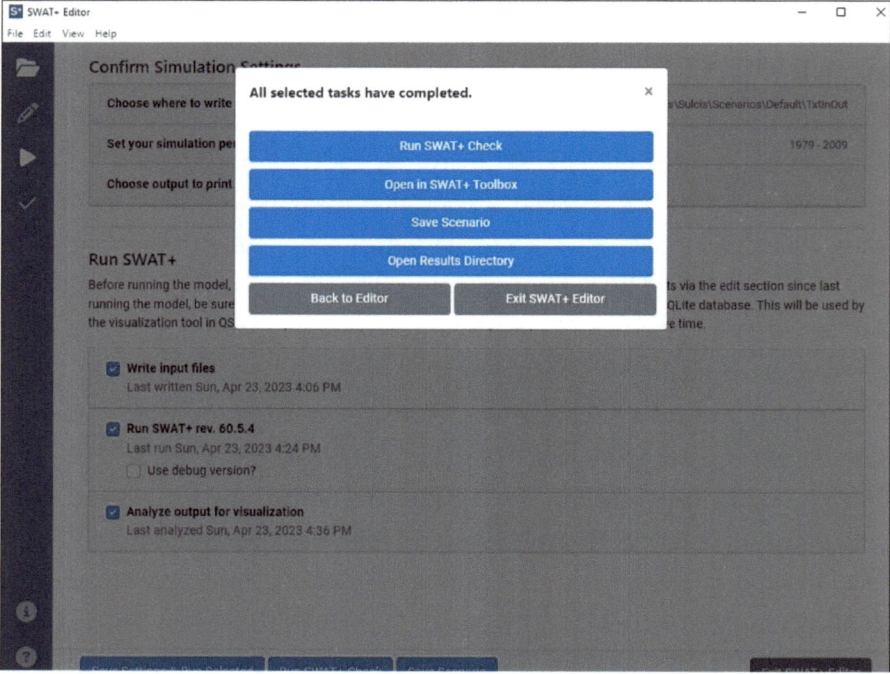

Figura 11.7 Finestra di avviso di fine simulazione in SWAT+ Editor.

Le attività antropiche (attività industriali, processi di combustione, ecc.) e i fenomeni naturali determinano emissioni nell'atmosfera di vari composti che poi vengono trasferiti al suolo e alle acque con le deposizioni atmosferiche. I principali composti sono lo zolfo, il particolato, l'ozono, i composti azotati. I composti relativi alla deposizione atmosferica dell'azoto (*reduced nitrogen* e *oxidized nitrogen*) sono quelli più interessanti ai fini di un potenziale utilizzo con la modellazione eco-idrologica in SWAT+. I dati possono provenire da misurazioni puntuali effettuate da centri di ricerca, oppure si possono utilizzare dati spazializzati derivati da modellazione come quelli prodotti dall'*European Monitoring and Evaluation Programme* (EMEP) (EMEP, 2023). I dati EMEP hanno una risoluzione spaziale di circa 11 km (intervallo temporale annuale, mensile, giornaliero) e possono essere convertiti in formati e unità di misura gestibili in SWAT+. Il loro utilizzo può essere particolarmente interessante in aree di studio prossime ad attività industriali e aree urbane, dove i carichi di azoto possono essere rilevanti e pertanto considerare l'input delle deposizioni atmosferiche potrebbe migliorare notevolmente l'accuratezza del modello.

Bibliografia

EMEP. 2023. European Monitoring and Evaluation Programme - EMEP.

12. Analisi e valutazione dei risultati (Step 4)

12.1 Introduzione

Una volta che il modello in SWAT+ è stato eseguito e l'output è stato importato nel database `swatplus_output.sqlite` nella cartella `\Default\Results` del progetto, nel modulo principale di QSWAT+ si attiva il pulsante dello **Step 4 Visualise** (Figura 12.1). In questo *step* è possibile visualizzare graficamente gli output di SWAT+ sotto forma di mappe tematiche, tabelle, animazioni multitemporali e grafici (*plot*).

Come indicato nel Capitolo 4, gli output sono disponibili per oggetto di modellazione (bacino, sottobacino, canale, ecc.) e per variabile specifica (bilancio idrologico, bilancio e perdita dei nutrienti, colture, ecc.).

Per una panoramica su tutte le variabili di output si può fare riferimento alle pagine disponibili all'indirizzo `https://swatplus.gitbook.io/io-docs/swat+-output-files/output-file-format`.

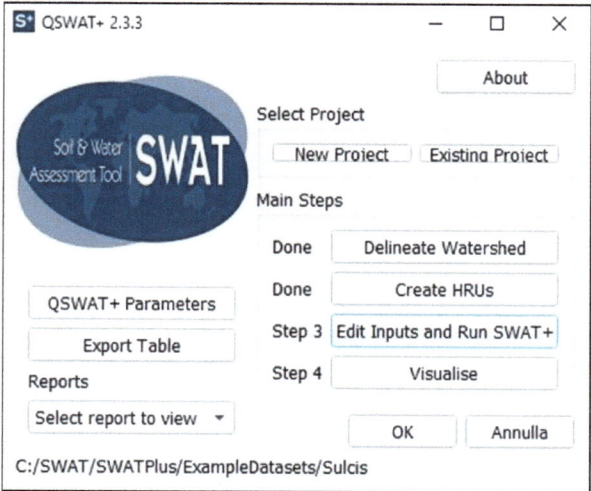

Figura 12.1 L'interfaccia di QSWAT+ con lo Step 4 Visualise attivo.

Variabili di output del bilancio idrologico

Il modello SWAT+ è in grado di generare circa 30 variabili di output relative alle componenti del bilancio idrologico, con valori riportati in mm e in m³/s, visualizzabili a livello di bacino idrografico, HRU, *Landscape Units*, o canale. Tra le variabili più interessanti da analizzare e visualizzare riportiamo:

- **surq_gen**: ruscellamento superficiale (in mm)
- **latq**: flusso laterale del suolo (in mm)
- **et**: evapotraspirazione effettiva (in mm)
- **etp**: evapotraspirazione potenziale (in mm)
- **eplant**: traspirazione delle piante (in mm)
- **esoil**: evaporazione del suolo (in mm)
- **sw**: contenuto idrico medio del profilo del suolo (in mm)
- **flo_out**: portata in uscita dal canale (in m³/s)
- **flo**: portata media giornaliera di deflusso (in m³/s)

Come anticipato nei capitoli precedenti, l'analisi e il confronto di tali variabili simulate con i dati effettivamente misurati provenienti da varie fonti può costituire un valido supporto nella gestione delle risorse idriche.

Variabili di output del bilancio dei nutrienti

Come per le variabili idrologiche, SWAT+ è in grado di generare molte variabili di output relative alle componenti del bilancio dei nutrienti e della qualità delle acque, con valori riportati in kg e tonnellate, visualizzabili a livello di bacino idrografico, HRU, *Landscape Units* e canale. Tra le variabili più interessanti da analizzare e visualizzare riportiamo:

- **denit**: azoto perso per denitrificazione (in kg/ha)
- **sedyld**: sedimenti persi per erosione idrica (t/ha)
- **no3_out**: azoto nitrico in uscita dal canale (in kg)
- **nh3_out**: azoto ammoniacale in uscita dal canale (in kg)
- **solp_out**: fosforo solubile in uscita dal canale (in kg)
- **sed_out**: sedimenti in uscita (in tonnellate)
- **dox_out**: ossigeno disciolto in uscita dal canale (in kg)

Le componenti azotate disciolte nell'acqua costituiscono un gruppo di inquinanti di notevole rilevanza, in quanto possono avere un impatto significativo sulla qualità delle risorse idriche, sull'ecosistema e sulla salute umana. Questi composti comprendono una gamma diversificata di molecole contenenti azoto, tra le quali spiccano l'ammonio (NH_4), i nitriti (NO_2), i nitrati (NO_3), e l'azoto organico disciolto. Una delle principali fonti di emissione di queste componenti azotate nell'acqua proviene dall'attività agricola. Tuttavia, un eccesso di azoto nei fertilizzanti può portare al rilascio di nitrati e ammonio nel suolo, che a loro volta possono infiltrarsi nell'acqua sotterranea o essere lavati via dalle piogge nei corpi d'acqua superficiali. Questo fenomeno è noto come "lisciviazione " ed è una fonte rilevante di inquinamento nelle risorse idriche.

L'azoto disciolto nell'acqua è un nutriente per la crescita delle piante acquatiche e delle alghe. L'accumulo eccessivo di questi organismi può innescare fenomeni di eutrofizzazione, con impatti negativi sulla biodiversità acquatica e la qualità dell'acqua.

Il monitoraggio costante delle componenti azotate nell'acqua, specialmente nelle aree adiacenti alle zone agricole, è essenziale per comprendere e gestire efficacemente questo problema. Questo monitoraggio fornisce dati cruciali per adottare misure correttive, regolare l'uso dei fertilizzanti e proteggere la qualità delle risorse idriche, garantendo al contempo la sostenibilità dell'agricoltura. In Italia il monitoraggio della qualità delle acque dolci viene eseguito dall'ISPRA e dalle ARPA regionali in attuazione della normativa Europea sulla tutela delle acque (ISPRA, 2023), e nello specifico:

- **Direttiva 91/276/CEE – Nitrati**
- **Direttiva 91/271/CEE – Reflui Urbani**
- **Direttiva 2000/60/CE – Direttiva Quadro Acque**
- **Direttiva 2007/60/CE – Alluvioni**

Per quanto riguarda il monitoraggio dei sedimenti e dei solidi sospesi nelle acque, la loro quantificazione analitica viene eseguita in contemporanea alle analisi delle principali componenti fisico chimiche. Il loro monitoraggio rientra nel quadro generale del consumo e degrado del suolo, cambiamenti di uso/copertura del suolo. Di recente è stata avanzata la proposta di una Direttiva Europea per il monitoraggio e la resilienza del suolo (*Soil Monitoring Law*), con l'intento di costruire un sistema solido e omogeneo di monitoraggio di tutti i suoli nel territorio dell'Unione, necessario per il raggiungimento dell'obiettivo della salute del suolo al 2050 e per rispettare gli impegni internazionali relativi all'azzeramento del consumo di suolo e alla neutralità del degrado del suolo e del territorio.

12.2 Risultati del bilancio idrologico

Aprire QGIS e lanciare il *plugin* QSWAT+ nella *toolbar* e cliccare sul *tab* > `Existing Project` per aprire il progetto > `Sulcis.qgs`, oppure in alternativa dal percorso > `C:\SWAT\SWATPlus\ExampleDatasets\Sulcis\Sulcis.qgs`.
All'apertura del *plugin* viene visualizzata la finestra con gli Step 1 e Step 2 con lo stato **Done** e con gli Step 3 e Step 4 attivi.
Per avviare la procedura di visualizzazione dei risultati, fare clic allo **Step 4** su > `Visualise`. Si apre la nuova finestra **Visualise Results**. In questa finestra sono presenti in alto due menù a tendina. Il primo a sinistra **Choose scenario** mostra le simulazioni (o scenari) disponibili, attualmente solo quello predefinito **Default**. Il secondo menù **Choose SWAT+ output table** mostra le tabelle dei risultati del modello. Tutti i risultati del modello sono salvati in tabelle differenti, a seconda dell'oggetto considerato (bacino, HRU, canale, *landscape unit*, acquifero). La tipologia di tabelle disponibili dipende dalle opzioni impostate in SWAT+ Editor. Si ricorda che le tabelle di output di progetto della prima simulazione vengono salvate nella cartella `C:\SWAT\.....\Scenarios\Default\TxtInOut`. In Figura 12.2 possiamo osservare che le tabelle sono presenti in due versioni, una in formato `.txt`, e una in formato `.csv`.
Cliccare sul menù a tendina > `Choose SWAT+ output table`.

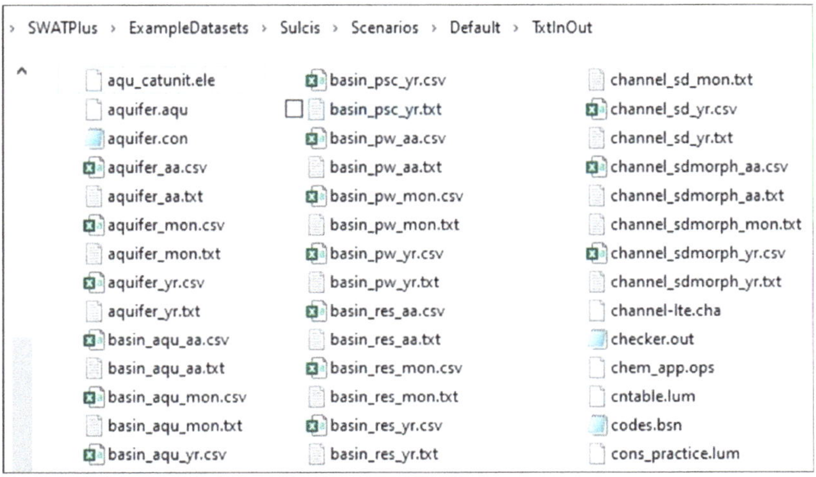

Figura 12.2 Tabelle di output del modello.

Si osservi che tra le tabelle HRU sono presenti solo quelle su scala annuale (hru_yr - *year*) e quelle delle medie (hru_aa – *average annual*), mentre sono assenti quelle su scala giornaliera (hry_day – *daily*) perché nel capitolo precedente è stato scelto di non stampare i risultati giornalieri. Nel menù sottostante **Choose period** sono visualizzate le date di inizio (**Start date**) e fine modellazione (**Finish date**) così come impostate nel primo scenario concluso nel capitolo precedente. Si osservi che in realtà la data iniziale parte da gennaio 1982 in quanto è stato impostato in **Warm-up period** un arco temporale di tre anni e pertanto i risultati dei primi 3 anni (1979 ÷ 1981) non sono disponibili. Dopo aver scelto lo scenario, la tabella di output e il periodo di simulazione, l'utente può visualizzare i risultati secondo le schede: **Static maps**, **Animated maps** e **Plots**.

Static maps

Questa scheda consente di visualizzare dati statici su una mappa per un singolo valore di sintesi per ogni oggetto scelto tra canale, HRU o LSU. Per ogni variabile, per ogni acquifero, canale, LSU o HRU, i dati di output possono avere un valore per ogni giorno, mese o anno, oppure per un anno medio per l'intera simulazione (a seconda degli output che si è scelto di stampare). Per visualizzare i risultati in forma grafica è necessario produrre un singolo valore per ogni variabile per ogni sottobacino, e per questo possiamo scegliere un riepilogo selezionandoli su **Choose summary**.
I riepiloghi disponibili sono:

- **Totals**: totale dei valori della variabile
- **Daily means**: media giornaliera (totale rapportato al numero di giorni della simulazione)
- **Monthly means**: media mensile (totale rapportato al numero di mesi della simulazione)
- **Annual means**: media annuale (totale rapportato al numero di anni della simulazione)
- **Maxim**: valore massimo della variabile
- **Minim**: valore minimo della variabile

Se l'output è una media annuale, il metodo di sintesi è già impostato e il menù Choose summary non è visibile. Solo alcune medie, come le portate, hanno senso fisico nei riepiloghi come media, massimo e minimo.

- **Mappa evapotraspirazione**

Cliccare sulla scheda > Static maps. Cliccare sul menù a tendina > Choose SWAT+ output table e selezionare > lsunit_wb_aa. In Start date confermare la data 1 January 1982, in Finish date confermare la data > 31 December 2009.

Cliccare sul menù a tendina > Choose variables e selezionare > et. Con questa serie di selezioni si genera una visualizzazione su una mappa dei risultati degli oggetti *landscape unit* (i sottobacini) per la componente *water balance* e per la variabile evapotraspirazione (media aa) per l'intervallo temporale selezionato. Soffermandosi sulla variabile (et) la finestra ci informa che si tratta della variabile *actual evapotranspiration* e che l'unità di misura è in mm. I risultati statici vengono creati generando uno *shapefile*, in questo caso denominato lsunit_wb_aaresults.shp, memorizzato nella cartella \Scenarios\Default\Results dello scenario corrente.

Cliccare su > Add, selezionare la variabile > et, quindi cliccare su > Create. La mappa dell'evapotraspirazione media annua appare nella mappa di QSWAT+ (Figura 12.3).

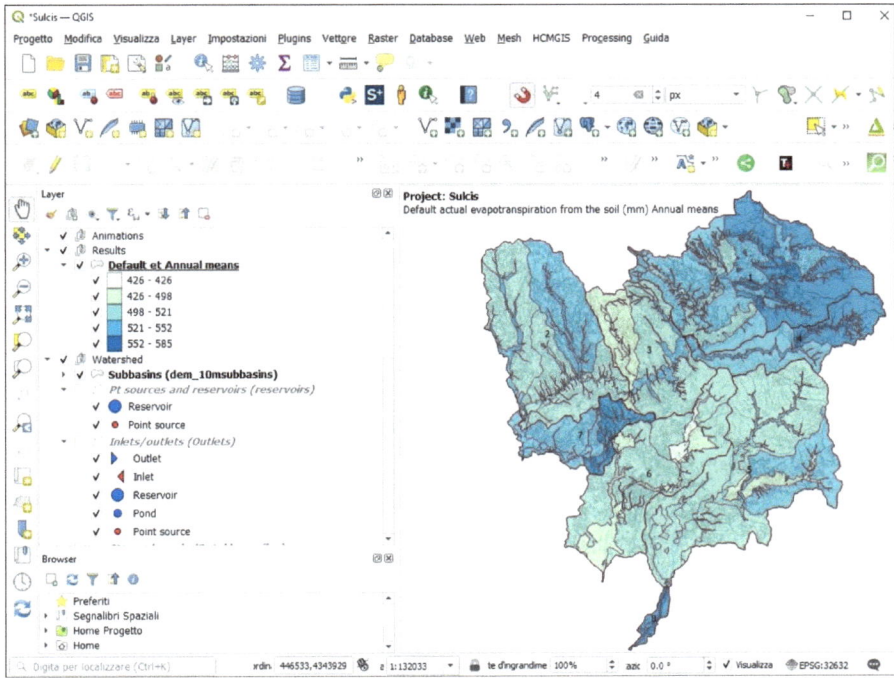

Figura 12.3 Visualizzazione statica mappa dell'evapotraspirazione.

I risultati visualizzati nelle mappe statiche possono essere stampati in mappe mediante il **Print Composer** di QGIS. Nella finestra Visualise Results, in basso sulla scheda **Print** cliccare su > `Print`. Si apre in automatico il Print Composer che mostra la mappa di evapotraspirazione creata in precedenza, con il titolo della mappa, la legenda, la barra di scala e freccia del nord (Figura 12.4). Se con la scheda Static map sono state create varie mappe, queste possono essere visualizzate in una unica mappa cliccando su **Number of maps** nella finestra Visualise Results.

Animated maps

La scheda Animated maps consente di visualizzare i dati statici su mappe multitemporali che mostrano l'evoluzione dei risultati della variabile selezionata per l'intervallo temporale definito dall'utente.

Cliccare sulla scheda > `Animated maps`. Cliccare sul menù a tendina > `Choose SWAT+ output table` e selezionare > `lsunit_wb_yr`. In **Start date** confermare la data 1 January 1982, in **Finish date** confermare la data > `31 December 2009`. Cliccare sul menù a tendina > `Variable` e selezionare > `et`. Con questa selezione visualizziamo dinamicamente su una mappa i risultati annuali dell'evapotraspirazione per i sottobacini nell'intervallo temporale selezionato. L'animazione si realizza grazie ad uno *shapefile* creato in automatico (`lsus0.shp`) salvato nella cartella `\Results\Animation`. Il file è caricato in automatico in mappa ed è visibile nel pannello dei layer.

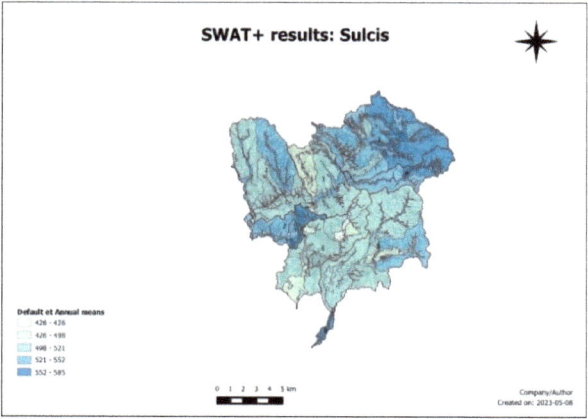

Figure 12.4 Mappa delle media annuale dell'evapotraspirazione (mm) sull'intero intervallo di simulazione creata con il Print Composer di QGIS.

A ogni passo temporale i valori della variabile sono aggiornati in continuo insieme al file. Nel menù sottostante **Animation mode** confermare > `Map canvas`. Spostare la visualizzazione nell'area di mappa del progetto con al centro l'area di studio, visualizzando anche la finestra Visualise Results. Cliccare sul pulsante > `Start button` per far partire l'animazione.

Come possiamo osservare nell'area di mappa di QGIS, viene visualizzata l'evoluzione temporale della variabile, mentre nella finestra Visualise Results scorre una linea temporale della sequenza di immagini (Figura 12.5). Queste mappe animate possono essere salvate anche come breve video in formato `.gif`.

Cliccare sul pulsante > `Rewind button` per far ripartire l'animazione dall'anno 1982. Cliccare sul pulsante verde > `Start recording`. Notare che questo assume immediatamente lo sfondo rosso.

Cliccare su > `Start button` per far partire l'animazione. A fine animazione, all'anno 2009, cliccare su > `Stop recording`. Appare un messaggio sullo schermo che avvisa l'utente che è stata creata una gif animata nella cartella `\Scenarios\Default\Results` con nome `etVideo.gif`.

Cliccare su > `Play` per rivedere l'animazione con il lettore di immagini del computer. La casella **Speed** consente di impostare la velocità dell'animazione. Si noti che i fotogrammi per i singoli anni dell'animazione sono salvati temporaneamente nella cartella

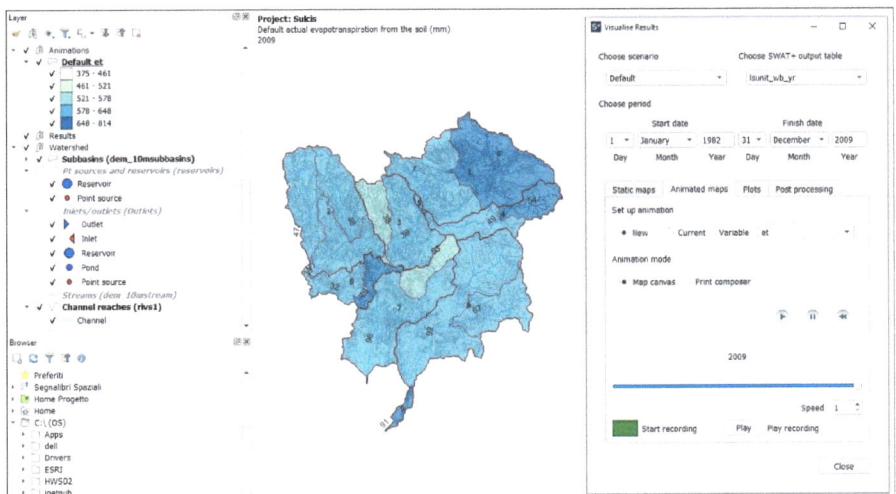

Figura 12.5 Creazione della mappa animata di evapotraspirazione (mm) con Animated maps.

`\Scenarios\Default\Results\Animation\Png` in formato `.png`.
Tuttavia, verranno eliminati nel momento in cui si clicca su Stop recording, quindi, se si desidera utilizzarli è necessario copiarli in un'altra cartella prima di interrompere la registrazione.

Plots

La terza scheda **Plots** (plottaggio) consente di visualizzare rapidamente i dati di output come grafici a linee o a barre su scale temporali. I grafici a linea facilitano il confronto tra i valori simulati e quelli osservati, o tra i risultati di diversi scenari, o di diversi acquiferi, canali, HRU o LSU.

I dati possono essere diagrammati con software di fogli di calcolo (es. Open Office Calc, R, Microsoft Excel) per eseguire analisi più approfondite rispetto a quelle fornite da QSWAT+.

- **Grafico delle portate simulate**

Cliccare sulla scheda > `Plots` quindi sul menù a tendina > `Choose SWAT+ output table` e selezionare la tabella > `channel_sdmorph_mon`. In Start date confermare la data 1 January 1982, in Finish date inserire la data > `31 December 1992`. Cliccare sul menù a tendina > `Plot type` e selezionare > `Graph/bar chart`.

Con questa opzione andremo a creare un grafico a linee e/o a barre. Le altre opzioni disponibili consentono di creare uno *scatter plot*, un *box plot*, o la curva di durata (*duration curve*) delle portate che evidenzia la relazione tra frequenza ed entità di portate.

Cliccare sul menù a tendina > `Variable` e selezionare la tabella > `flou_out` (come indicato dal messaggio a video, rappresenta la portata media in m³/s per l'intervallo temporale selezionato), quindi dal menù a tendina > `Unit` selezionare il *channel* > `39`.

Con questa selezione visualizziamo graficamente i risultati del *water balance* e le portate simulate in m³/s in corrispondenza dell'*outlet* del canale 39. È stato selezionato questo canale in quanto sono disponibili i dati sulle portate misurate che si potranno rappresentare e confrontare con le simulazioni.

Si consideri inoltre che si possono identificare i vari canali mediante lo strumento *Identify Feature*, oppure applicando le etichette al file *Channel reaches* nel pannello dei layer.

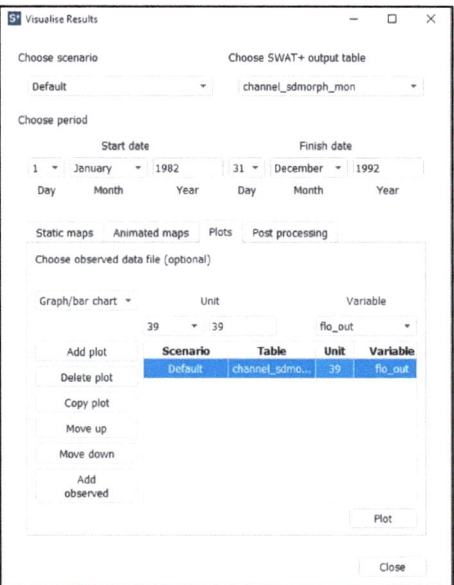

Figura 12.6 Interfaccia della finestra Visualize Results con la scheda Plots.

Cliccare su > `Add plot`, selezionare la variabile > `flo_out`, quindi > `Plot` (Figura 12.6). Appare a video una finestra denominata "Choose a .csv file" che invita a salvare un file con estensione `.csv`. Selezionare il percorso `\.....\Sulcis\Scenarios\Scenario1992\Results\Plots\` e indicare un nome al file, ad esempio `flo_sim_1992.csv` e fare clic su > `Salva`.

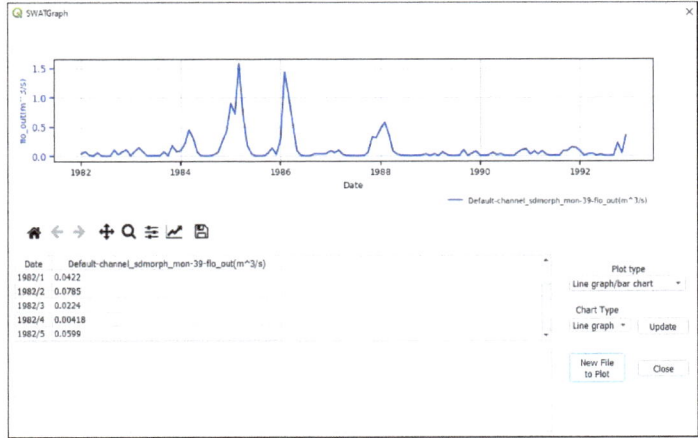

Figura 12.7 Plottaggio delle portate (m³/s) simulate per l'*outlet* 39 lungo l'intervallo temporale 1982-1992.

Dopo aver salvato il file, la finestra SWATGraph mostra una linea continua per indicare l'andamento delle portate simulate in m³/s all'*outlet* del canale 39 (Figura 12.7). Altre opzioni di SWATGraph consentono di cambiare la modalità di visualizzazione cliccando sul menù a tendina **Plot type** e selezionando le opzioni disponibili. Inoltre, è possibile utilizzare lo zoom, la panoramica e il salvataggio del grafico in vari formati immagine, così come inserire un titolo, modificare le etichette degli assi, cambiare i colori, ecc. La finestra visualizza anche i dati di dettaglio del file `.csv`. Cliccare sul menù a tendina > `Chart type` quindi > `Update` per visualizzare i dati in un grafico a barre.

- **Grafico delle portate simulate e misurate**

Cliccare sulla scheda > `Plots`. Confermare i settaggi precedenti come mostrato in Figura 12.6, quindi cliccare su > `Choose observed data file` e selezionare nel percorso `\Dataset\Stazioni monitoraggio` il file > `ObservedFlow.csv`. Cliccare su > `Add observed`, selezionare la variabile visibile nel riquadro sotto flo_out (diventa a sfondo blu), cliccare su > `Plot`, quindi sovrascrivere il file `flo_sim_1992.csv` creato in precedenza. Dopo aver salvato il file, la finestra SWATGraph mostra due linee continue per indicare l'andamento delle portate simulate e misurate all'*outlet* del canale 39 (o canale 38 in alcune simulazioni) (Figura 12.8).

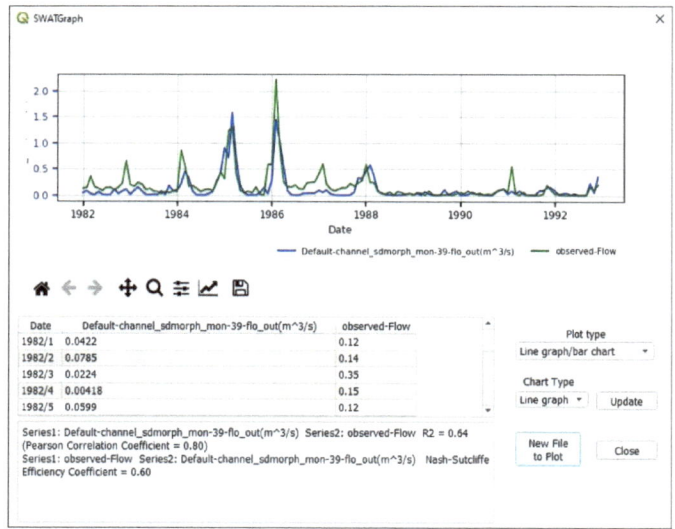

Figure 12.8 Plottaggio delle portate (m³/s) misurate e simulate per l'*outlet* 39 per l'intervallo temporale 1982-1992.

La Figura 12.8 dà una prima valutazione visiva delle prestazioni del modello in quanto se la curva delle portate simulate si sovrappone adeguatamente a quella delle portate misurate (soprattutto nei picchi), possiamo essere confidenti sulla bontà dei risultati del modello. In questo caso, l'andamento delle due curve è abbastanza coerente, ad eccezione di alcuni picchi che il modello (linea blu) non è stato in grado di simulare correttamente, sottostimando l'entità di questi flussi. Nel box sottostante è possibile confrontare i singoli valori mensili delle portate simulate rispetto a quelle osservate (gli output sono su base mensile).

In questa simulazione il valore dell'indicatore di *performance* (NSE= 0.6) ottenuto (Figura 12.8) si può considerare soddisfacente o accettabile secondo quanto descritto nel Capitolo 3. Nella pratica si procede comunque alla calibrazione e successiva validazione del modello, nel tentativo di incrementare ulteriormente i valori degli indicatori. Nella finestra SWATGraph cliccare sul menù a tendina > `Plot type` e selezionare > `Flow/load duration curve` per visualizzare le curve di durata dei dati simulati e osservati (Figura 12.9).

Anche in questo caso l'andamento delle due curve è abbastanza coerente, ma possiamo notare subito che il modello tende a sottostimare le portate, con un massimo di poco superiore a 1.5 m³/s a fronte di un dato osservato massimo di circa 2.3 m³/s.

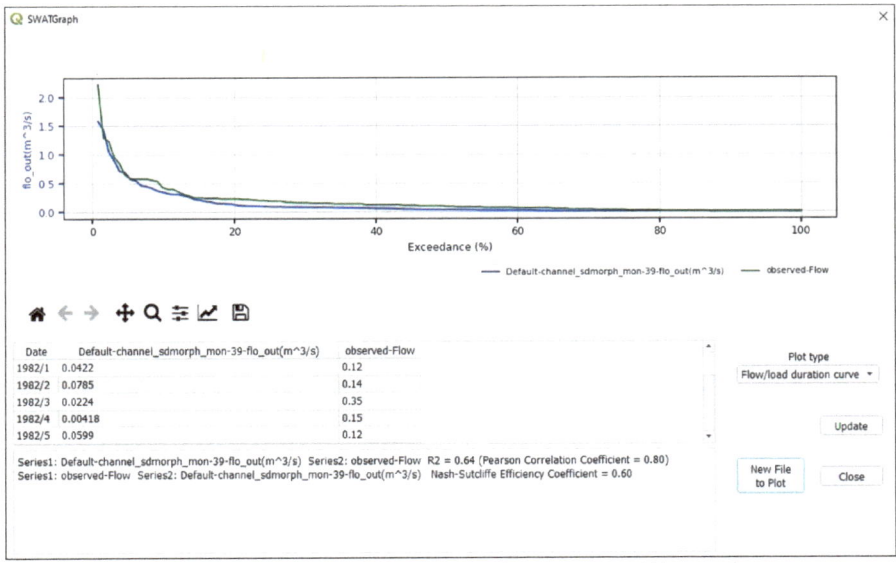

Figura 12.9 Plottaggio delle curve di durata delle portate (m³/s) simulate e osservate.

12.3   Risultati sulla qualità dell'acqua

L'obiettivo di questo paragrafo è presentare i risultati della modellazione relativi alle componenti disciolte che influiscono sulla qualità dell'acqua.

Aprire QGIS e lanciare il *plugin* QSWAT+ nella *toolbar* e cliccare sul *tab* > `Existing Project` per aprire il progetto > `Sulcis.qgs`, o, in alternativa, dal percorso > `C:\SWAT\SWATPlus\ExampleDatasets\Sulcis\Sulcis.qgs`, e cliccare allo **Step 4** su > `Visualise`. Si apre la finestra **Visualise Results**. Selezionare il *tab* > `Plots`.

Come illustrato nel Capitolo 11, la nostra simulazione si estende su un periodo di 31 anni, dal 1979 al 2009. Se non è stato già impostato, inserire in Start Date il valore > `1 gennaio 1982` e in Finish date il valore > `31 dicembre 2009`.

L'obiettivo consiste nel visualizzare inizialmente i dati simulati sulla concentrazione di azoto nitrico (NO_3) lungo l'intervallo temporale specificato nel Capitolo 11 sull'*outlet* del canale 34 (Figura 12.10).

Questo *outlet* è stato scelto in corrispondenza di una stazione di misura che si trova sul rio Flumentepido in località Paringianu. Si tenga presente che la

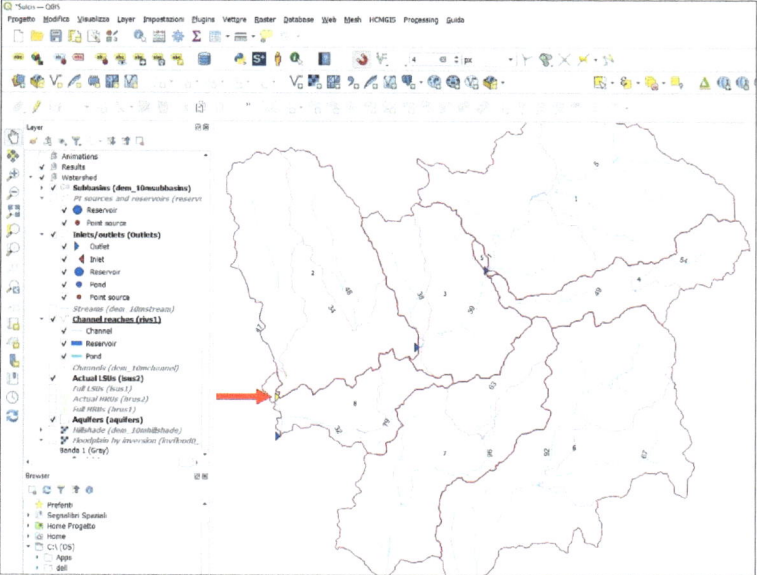

Figura 12.10 Visualizzazione in mappa dell'*outlet* del canale 34 situato in corrispondenza di una stazione di misura della qualità dell'acqua.

disponibilità di dati e la localizzazione geografica per questa stazione di misura erano noti, pertanto, come indicato nel Capitolo 9, in fase di attuazione del modello è stata imposta la chiusura del sottobacino nel punto indicato al fine di rendere confrontabili dati simulati e misurati.

- **Visualizzazione dei nitrati simulati**

Selezionare in Choose SWAT+ output table la tabella > `channel_sd_mon`. Cliccare sul menù a tendina > `Plot type` e selezionare > `Graph/bar chart`, in Unit selezionare il *channel* > `34`, quindi selezionare sul menù a tendina in Variable > `no3_out` (come indicato dal messaggio a video, rappresenta i nitrati in kg per l'intervallo temporale selezionato).

Cliccare su > `Add plot`, selezionare il file quindi cliccare su > `Plot`. Appare a video una finestra denominata "Choose a .csv file" che invita a salvare un file con estensione `.csv`. Selezionare il percorso `\.....\Sulcis\Scenarios\Default\Results\Plots\` e indicare un nome al file, ad esempio `no3_out.csv` e fare clic su > `Salva`.

Dopo aver salvato il file appare a video la finestra SWATGraph che mostra il grafico dell'andamento della concentrazione dei nitrati in kg all'*outlet* del canale 34 (Figura 12.11).

L'andamento della curva presenta due picchi molto evidenti, che potrebbero indicare errori nel modello. Poiché il modello non è stato ancora calibrato e validato, è importante valutare con cautela i primi risultati preliminari della modellazione.

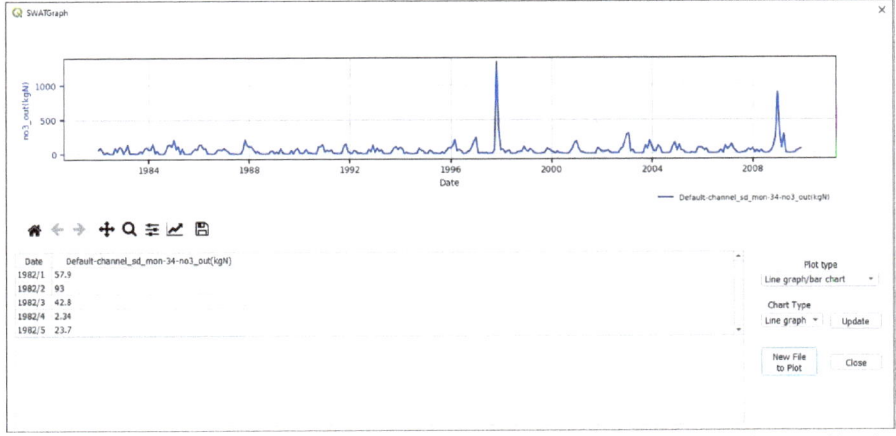

Figura 12.11 Plottaggio delle concentrazioni (kg) dei nitrati (NO3) simulati per l'*outlet* 34 per l'intervallo temporale 1982-2009.

- **Visualizzazione dei nitrati simulati e misurati**

Maggiori dettagli potrebbero essere forniti dal confronto dei dati simulati e misurati dalla stazione di monitoraggio sul rio Flumentepido. I dati misurati coprono l'intervallo temporale 2002-2009. Nella finestra Visualise Results, inserire in Start Date il valore > `1 gennaio 2002` e in Finish date confermare il valore > `31 dicembre 2009`. Confermare i settaggi precedenti, ovvero selezionare in Choose SWAT+ output table la tabella > `channel_sd_mon`. Cliccare sul menù a tendina > `Plot type` e selezionare > `Graph/bar chart`, in Unit selezionare il *channel* > `34`, quindi selezionare sul menù a tendina in Variable > `no3_out`. Cliccare su > `Add plot`.

Cliccare su > `Choose observed data file` e selezionare nel percorso `\Dataset\Stazioni monitoraggio\Dati ancillari` il file > `azoto_NO3_staz_rio_flumentepido.csv`.

Cliccare su > `Add observed`, selezionare la variabile visibile nel riquadro sotto no3_out (diventa a sfondo blu), cliccare su > `Plot`, quindi sovrascrivere il file `no3_out.csv` creato in precedenza.

Dopo aver salvato il file, viene visualizzata la finestra SWATGraph che presenta due linee continue, rappresentative dell'andamento dei dati delle concentrazioni dei nitrati simulati e dei nitrati misurati all'*outlet* del canale 34 (Figura 12.12). Possiamo notare che in questo caso l'andamento delle due curve non mostra una coerenza significativa.

Sono evidenti alcuni picchi nella curva dei dati simulati (linea blu) che

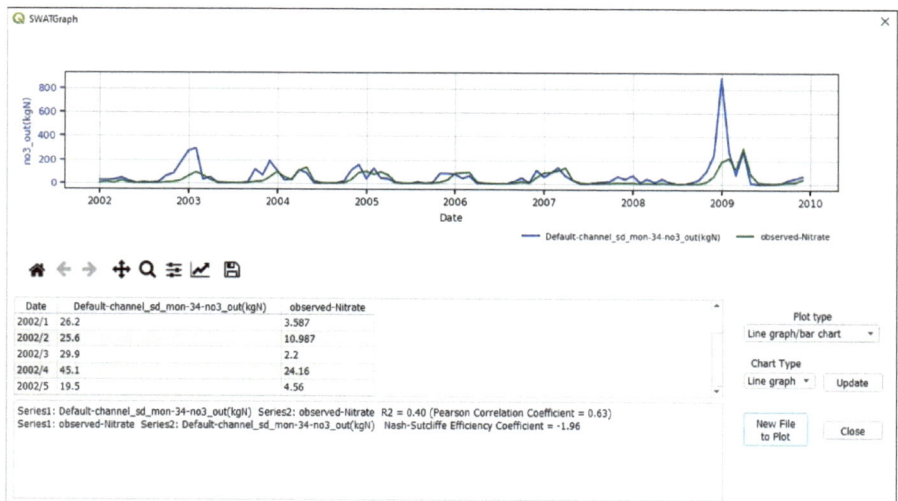

Figura 12.12 Plottaggio delle concentrazioni (kg) dei nitrati (NO₃) misurate e simulate per l'*outlet* 34 per l'intervallo temporale 2002-2009.

troviamo meno accentuati nella curva dei dati misurati (linea verde). Nel box sottostante l'indicatore di *performance* NSE= -1.96 indica un risultato non soddisfacente che richiede un miglioramento del modello.

12.4   Risultati sull'erosione

L'obiettivo di questo paragrafo è presentare i risultati della modellazione riguardanti la concentrazione di sedimenti disciolti nell'acqua e l'erosione spazializzata a livello di bacino idrografico.

- **Visualizzazione dei sedimenti simulati**

Confermare i settaggi precedenti relativi a NO₃, quindi selezionare sul menù a tendina in Variable > `sed_stor`. Cliccare su > `Add plot`. Questa variabile indica i sedimenti depositati in tonnellate alla fine dell'intervallo temporale considerato (simulazione mensile).

Cliccare su > `Choose observed data file` e selezionare nel percorso `\Dataset\Stazioni monitoraggio\Dati ancillari` il file > `sedimenti_staz_rio_flumentepido.csv`.

Cliccare su > `Add observed`, come in precedenza selezionare la variabile visibile nel riquadro, cliccare su > `Plot`, quindi selezionare il percorso `\.....\Sulcis\Scenarios\Default\Results\Plots\` e indicare

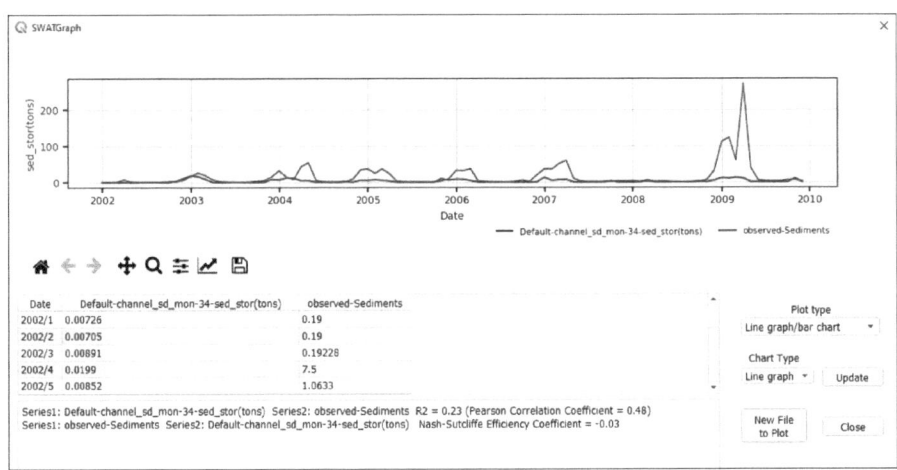

Figura 12.13 Plottaggio dei sedimenti (tonnellate) misurati e simulati depositati all'*outlet* 34 per l'intervallo temporale 2002-2009.

un nome per il file, ad esempio `sed_stor.csv` e fare clic su > `Salva`.

Dopo aver salvato il file appare a video la finestra SWATGraph che mostra il grafico dell'andamento della concentrazione dei sedimenti in tonnellate all'*outlet* del canale 34 (Figura 12.13).

Nel grafico possiamo notare un picco molto evidente nella curva dei dati misurati (linea verde) non riscontrabile in quella dei dati simulati (linea blu). Anche l'indicatore di *performance* NSE= -0.03 è non soddisfacente, anche se leggermente superiore a quello relativo a NO_3. Nel complesso, questo indica che il modello, allo stato attuale, sta sottoperformando l'erosione e richiede un miglioramento che comporti una maggiore erosione e trasporto di sedimenti a valle prima di ritenere accettabili i risultati.

- **Visualizzazione dei sedimenti simulati in mappa**

I risultati della simulazione relativi all'erosione possono essere rappresentati graficamente attraverso mappe che consentono di identificare aree specifiche maggiormente soggette ad erosione all'interno del bacino.

Cliccare sulla scheda > `Static maps` quindi sul menù a tendina > `Choose SWAT+ output table` e selezionare > `lsunit_ls_aa`. In Start date confermare la data 1 January 1982, in Finish date confermare la data > `31 December 2009`. Cliccare sul menù a tendina > `Choose variables` e selezionare > `sedylt`.

Con questa serie di selezioni andiamo a visualizzare su una mappa i sottobacini per la variabile *sediment yield* relativa alla produzione di sedimenti come media annua in tonnellate per ettaro per l'intervallo temporale selezionato.

Soffermandosi sulla variabile (**sedylt**) a video appare la scritta *"sediment yield leaving the landscape caused by water erosion"*, ovvero la produzione di sedimenti generati dall'erosione dell'acqua nell'ambito territoriale analizzato.

Come risultato viene generato uno *shapefile* denominato `lsunit_ls_aaresults.shp` e memorizzato nella cartella `\Scenarios\Default\Results`.

Cliccare su > `Add`, selezionare la variabile > `sedylt`, quindi cliccare su > `Create`.

La mappa dell'erosione media annua appare nell'area di visualizzazione

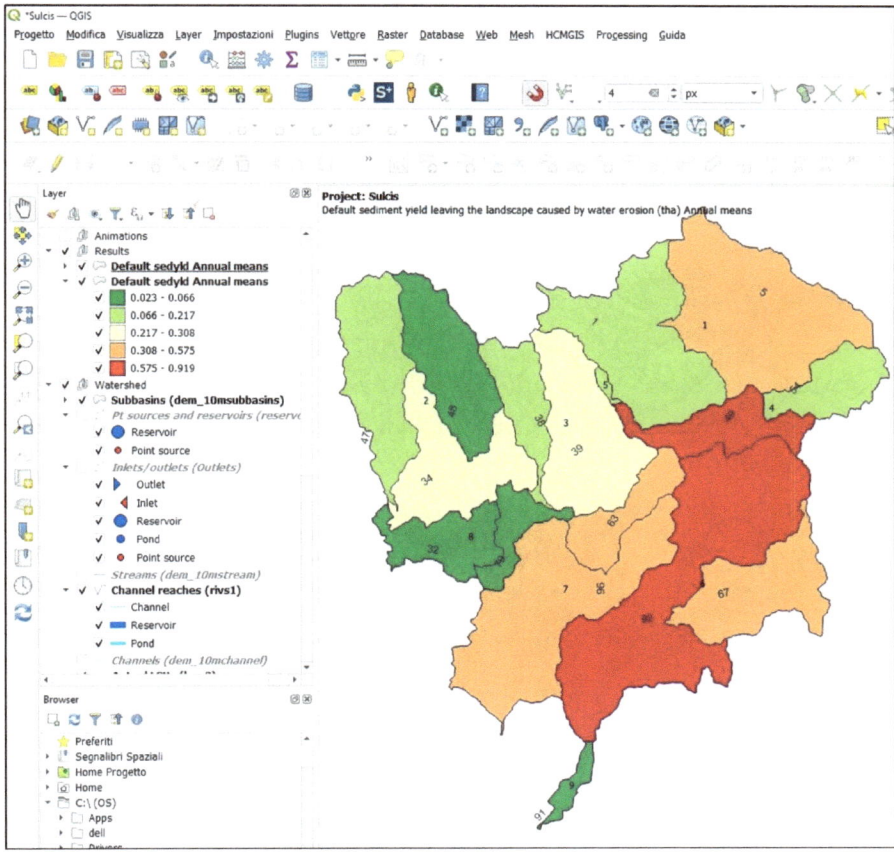

Figura 12.14 Visualizzazione statica mappa dell'erosione.

della mappa di QSWAT+ (Figura 12.14). La mappa visualizza i livelli di erosione per ettaro all'interno dei vari sottobacini. Alcuni di essi mostrano tassi di erosione elevati, raggiungendo fino a 0.92 tonnellate per ettaro all'anno, mentre altri presentano valori molto più bassi, con un minimo di 0.023 tonnellate per ettaro all'anno. Questi valori massimi in realtà sono inferiori al limite soglia di erosione del suolo ritenuto tollerabile in Europa (1,40 t/ha/anno) (Verheijen *et al.*, 2009), sia al tasso di perdita del suolo per l'area mediterranea (4,61 t/ha/anno) (Panagos *et al.*, 2015). In un caso studio nel bacino del torrente Carapelle in Puglia, il modello ha simulato una produzione media di sedimenti di 6.8 t/ha/anno, sebbene siano state riscontrate ampie differenze a livello di sottobacino, con valori più alti nelle aree montane a maggiore pendenza (Ricci *et al.*, 2018).

Le differenze di erosione tra sottobacini potrebbero essere correlate all'uso del suolo, all'attività antropica o alla morfologia. Inoltre, l'entità delle perdite annuali di suolo aumenta con la pendenza dei versanti. È ampiamente documentato che terreni coltivati a seminativi sono soggetti a tassi di erosione superiori, mentre le aree caratterizzate da copertura naturale o forestale presentano erosioni significativamente inferiori. È importante tenere a mente che il modello in questione non è stato sottoposto a un processo completo di calibrazione e validazione e pertanto questi risultati potrebbero essere afflitti da notevoli incertezze.

Come indicato nel Capitolo 4, la calibrazione e la validazione sono procedure complesse e laboriose (*time-consuming*) che richiedono dati adeguati di alta qualità e competenze avanzate per garantire un'esecuzione precisa e affidabile. Si sottolinea che nel contesto di questo libro la calibrazione e la validazione di questo modello non sono state oggetto di trattazione dettagliata. Per una comprensione più approfondita di tali processi, si consiglia di fare riferimento alla documentazione ufficiale di SWAT+, dove sono disponibili risorse e informazioni più complete su questi aspetti.

Curva di durata delle portate o *flow duration curve*. È la curva di frequenza cumulativa che riporta la percentuale di volte in cui, in un determinato periodo, determinate portate sono state raggiunte o superate in una stazione di misura. Può essere costruita utilizzando valori di portata orari, giornalieri, mensili, o di altri intervalli temporali. Riunisce in un'unica curva le caratteristiche di portata di un corso d'acqua per tutto l'intervallo considerato, senza tener conto della sequenza di occorrenza. Se il periodo su cui si basa la curva rappresenta il flusso a lungo termine di un corso d'acqua, la curva può essere utilizzata per prevedere la distribuzione dei flussi futuri per studi sull'energia idrica, sull'approvvigionamento idrico e sull'inquinamento. La forma di una curva di durata nelle sue regioni superiore e inferiore è particolarmente significativa per valutare le caratteristiche del torrente e del bacino. Una curva molto ripida (flussi elevati per brevi periodi) è prevista per le alluvioni causate dalla pioggia su piccoli bacini idrografici. Le piene da scioglimento delle nevi, che durano diversi giorni, o la regolazione delle piene con lo stoccaggio nei bacini idrici, daranno generalmente luogo a una curva molto più piatta vicino al limite superiore. Nella regione di bassa portata, un corso d'acqua intermittente presenta periodi di assenza di flusso, mentre una curva molto piatta indica che flussi moderati sono sostenuti durante tutto l'anno grazie alla regolazione naturale o artificiale del flusso, o grazie a una grande capacità delle acque sotterranee che sostiene il flusso di base del corso d'acqua. (USGS, 1969).

Bibliografia

ISPRA. 2023. Tematica 'Acque' Available at: https://www.isprambiente.gov.it/it/attivita/reti-e-sistemi-informativi-ambientali/l2019agenzia-europea-dell2019ambiente-eea-e-la-rete-eionet/flussi-di-dati-prioritari-eionet/tematica-201cacque201d

Panagos P, Borrelli P, Poesen J, Ballabio C, Lugato E, Meusburger K, Montanarella L, Alewell C. 2015. The new assessment of soil loss by water erosion in Europe. *Environmental Science and Policy* **54**: 438–447 DOI: 10.1016/j.envsci.2015.08.012

Ricci GF, De Girolamo AM, Abdelwahab OMM, Gentile F. 2018. Identifying sediment source areas in a Mediterranean watershed using the SWAT model. *Land Degradation and Development* **29** (4): 1233–1248 DOI: 10.1002/ldr.2889

USGS. 1969. Flow-duration curves. Manual of Hydrology: Part 2. Low-Flow Techniques. Washington. DOI: 10.3133/wsp1542A

Verheijen FGA, Jones RJA, Rickson RJ, Smith CJ. 2009. Tolerable versus actual soil erosion rates in Europe. *Earth-Science Reviews* **94** (1–4): 23–38 DOI: 10.1016/j.earscirev.2009.02.003

Conclusioni

La modellazione eco-idrologica consente di analizzare e gestire in modo efficace le risorse idriche e ambientali. Grazie all'utilizzo di modelli avanzati, è possibile sviluppare modelli che consentono di prevedere con precisione il comportamento del sistema idrologico ed ambientale in diverse situazioni. In questo testo "GIS e modellizzazione eco-idrologica - *Bilancio idrologico, erosione e qualità dell'acqua con QGIS e SWAT+*" vengono affrontati in modo approfondito i temi della modellizzazione e analisi dei dati ambientali attraverso l'utilizzo dei software QGIS e SWAT+, fornendo una guida dettagliata per l'applicazione di un modello eco-idrologico e la sua applicazione pratica. Il libro analizza dettagliatamente l'importanza del bilancio idrologico, della qualità dell'acqua e della prevenzione dell'erosione, dimostrando come queste informazioni possano essere utilizzate per prendere decisioni ambientali mirate ed informate.

Uno degli aspetti più importanti del libro consiste nella descrizione di un caso di studio specifico utilizzato per l'applicazione del modello. Grazie all'utilizzo di dati reali provenienti dall'area di studio del Sulcis in Sardegna, i lettori hanno l'opportunità di vedere come i modelli eco-idrologici possano essere applicati a un contesto reale per prendere decisioni mirate ed informate in merito alla gestione delle risorse idriche e della sostenibilità ambientale. Il processo di configurazione descritto in questo libro dimostra che il modello SWAT+ è uno strumento molto flessibile e robusto, capace di simulare efficacemente una vasta gamma di problematiche legate ai bacini idrografici. Inoltre, il libro affronta anche le tematiche della calibrazione e validazione dei modelli, ovvero il processo attraverso cui viene testata la bontà dei risultati ottenuti dal modello. Questo aspetto è di fondamentale importanza per garantire che il modello sia in grado di rappresentare in modo accurato il sistema idrologico ed ambientale dell'area di studio.

La trattazione approfondita di queste tematiche rende il testo di notevole rilevanza per esperti di idrologia, ecologia ed ambiente, offrendo un contributo prezioso per coloro che desiderano ampliare le loro competenze nelle avanzate tecniche di modellizzazione e analisi dei dati eco-idrologici.

Inoltre, si rivela essenziale per professionisti impegnati nella gestione delle risorse idriche e nella promozione della sostenibilità ambientale, fornendo un quadro completo e informato delle metodologie e delle applicazioni di modelli eco-idrologici.

Giuseppe Pulighe
Flavio Lupia

Riferimenti Internet

Software e modelli

QGIS	https://www.qgis.org/it/site/ Sito ufficiale di QGIS.
SWAT+	https://swat.tamu.edu/software/plus/ Sito ufficiale del modello SWAT.
SWATplus-CUP	https://www.2w2e.com/home/SwatplusCup Software con licenza d'uso per la calibrazione di modelli SWAT+.
HBV model	https://wflow.readthedocs.io/en/latest/wflow_hbv.html Modello idrologico concettuale.
SAC-SMA model	https://github.com/tanerumit/sacsmaR Modello idrologico concettuale spazialmente distribuito.
Tank model	https://github.com/nzahasan/tank-model Modello idrologico concettuale a serbatoio.
Kineros	https://www.tucson.ars.ag.gov/kineros/ Modello idrologico fisicamente basato orientato agli eventi.
MIKE SHE	https://www.mikepoweredbydhi.com/products/mike-she Sistema integrato di modellazione idrologica per la costruzione e la simulazione del flusso delle acque superficiali e sotterranee.
TOPMODEL	https://github.com/ICHydro/topmodel Modello idrologico distribuito fisicamente basato.

Glossario

A

Accuratezza
È la vicinanza di accordo tra un valore misurato e un valore vero o atteso. È associata all'errore sistematico (o *bias*), cioè inesattezze riproducibili che si verificano costantemente nella stessa direzione. Per aumentare l'accuratezza, è necessaria la calibrazione rispetto a un valore standard o di riferimento.

Albedo
La riflettanza di una superficie, che influisce sulla quantità di radiazione solare che viene assorbita o riflessa, influenzando la temperatura superficiale e il bilancio energetico.

B

Bacino idrografico
Un bacino idrografico è un'area geografica delimitata naturalmente da cui tutte le acque superficiali convergono verso un punto comune, solitamente un fiume principale o un lago.

Bilancio idrologico
Il bilancio idrologico è un calcolo che tiene traccia delle entrate e delle uscite d'acqua in una determinata area geografica, aiutando a comprendere come l'acqua fluisce e viene utilizzata in un sistema idrologico.

C

Calibrazione
La calibrazione nei modelli idrologici è il processo di regolazione dei parametri del modello al fine di minimizzare l'errore tra le previsioni simulate e i dati osservati, con l'obiettivo di migliorare la capacità del modello di rappresentare il comportamento idrologico di un sistema o bacino idrografico.

D

DEM (digital elevation model)
Un DEM o modello digitale di elevazione è una rappresentazione in formato digitale (raster) della superficie topografica del suolo nudo (terra nuda) della Terra, escludendo alberi, edifici e qualsiasi altro oggetto superficiale.

E

EMEP (European Monitoring and Evaluation Programme)
L'EMEP è programma di cooperazione per il monitoraggio e la valutazione della trasmissione a lunga distanza degli inquinanti atmosferici in Europa attraverso inventari sulle emissioni, misurazioni e modelli di calcolo.

Errore
È la differenza (o deviazione) tra il valore misurato e il "vero valore" della variabile oggetto di misura. Poiché nella realtà il "vero valore" è sconosciuto, generalmente ci riferiamo al valore atteso di una quantità misurata (x), determinato come la sua migliore stima (x migliore) associata a un errore (±δx) in modo che il valore atteso si trovi da qualche parte tra (x migliore - δx) e (x migliore + δx), con un grado di confidenza o livello di probabilità associato.

F

Flusso di base
Il flusso in un corso d'acqua dovuto all'umidità del suolo o alle acque sotterranee in assenza di precipitazioni.

Flusso diretto
Il flusso risultante dalla risposta diretta ad un determinato evento meteorico di input.

Flusso laterale
Il flusso dell'acqua che si verifica nel sottosuolo, prevalentemente nella zona insatura (*vadose zone*).

Flusso sotterraneo
Il flusso che avviene nella zona satura più profonda (*saturated zone*).

Flusso superficiale:
Il flusso di acqua attraverso la superficie del terreno in direzione discendente prima di raggiungere un corso d'acqua.

G

GIS (Geographic Information System)
Il GIS è un sistema in grado di creare, immagazzinare, gestire, analizzare, modellizzare e restituire dati digitali collegandoli a una posizione (mappa) in modo rapido ed efficiente.

Goodness-of-fit
La goodness-of-fit si riferisce a una misura che valuta quanto bene un modello o un insieme di dati si adatti o si allinei con un insieme di dati osservati o con una distribuzione teorica prevista. In altre parole, indica la bontà della corrispondenza tra i risultati previsti o stimati e quelli effettivamente osservati. L'analisi della goodness-of-fit è importante per valutare l'affidabilità e l'accuratezza di un modello o di un insieme di dati in relazione ai dati reali o alle aspettative teoriche.

H

Hydrologic Response Unit (HRU)
Le Hydrologic Response Unit (HRU) sono le più piccole unità spaziali di modellazione in SWAT; una HRU raggruppa tutti gli usi del suolo, i terreni e le pendenze simili all'interno di un sottobacino in base a soglie definite dall'utente.

I

Incertezza

L'incertezza statistica è definita come l'intervallo all'interno del quale il valore atteso può essere ragionevolmente situato, con un dato livello di fiducia o probabilità. Rappresenta il grado di fiducia che abbiamo nelle nostre misurazioni ed è influenzato dall'accuratezza (errore sistematico) e dalla precisione (errori casuali) della misurazione, oltre che dal metodo di misurazione.

Infiltration Rate

Il tasso di infiltrazione, che rappresenta la velocità con cui l'acqua penetra nel suolo.

L

Landscape Units (LSU)

Nel modello SWAT+ le Landscape Units si riferiscono a unità geografiche che rappresentano specifiche caratteristiche del paesaggio, come l'uso del suolo, la copertura vegetale, la topografia e altri attributi, all'interno del modello. Queste unità vengono utilizzate per suddividere un bacino idrografico in aree più piccole, ognuna delle quali è caratterizzata da un insieme specifico di attributi del paesaggio che influenzano il comportamento idrologico.

M

MODIS (The Moderate Resolution Imaging Spectroradiometer)

MODIS è un sensore satellitare montato a bordo dei satelliti della NASA chiamati TERRA e AQUA. Terra MODIS e Aqua MODIS osservano l'intera superficie terrestre ogni 1-2 giorni, acquisendo dati in 36 bande spettrali, o gruppi di lunghezze d'onda.

N

Nonpoint Source Pollution

L'inquinamento da fonti non puntuali, che proviene da una vasta gamma di fonti diffuse e non facilmente individuabili.

Nutrient Loading

Il carico di nutrienti, come azoto e fosforo, nelle acque, che può influire sulla crescita delle piante acquatiche e sulla qualità dell'acqua.

O

Osservazioni Idrologiche

Dati raccolti attraverso misurazioni dirette e monitoraggio per comprendere il comportamento di un sistema idrologico.

Outfall

Il punto in cui le acque reflue o gli scarichi entrano in un corpo d'acqua, che può avere impatti sulla qualità dell'acqua.

P

Pedofunzioni

Le pedofunzioni, o funzioni di pedotrasferimento, sono funzioni o algoritmi empirici che mettono in relazione i parametri idraulici del suolo con le proprietà del suolo misurate, come la densità apparente e le proporzioni di argilla, limo, sabbia e materia organica. Le funzioni sono stabilite mediante tecniche statistiche (dalla regressione lineare multipla all'apprendimento automatico avanzato) per ottenere tali parametri sulla base di un insieme generalmente limitato di osservazioni.

Portata (liquida)

La portata liquida è definita come il volume di acqua che attraversa una determinata sezione nell'unità di tempo ed è il principale parametro per la definizione dello stato idrologico di un copro idrico fluviale. Le stazioni di monitoraggio della portata nelle sezioni fluviali forniscono la portata media giornaliera oltre che misurazioni quasi in continuo con registrazioni sub-orarie. In assenza di stazioni di monitoraggio lo stato idrologico può essere desunto attraverso le simulazioni modellistiche di bacino che stimano la portata in funzione delle precipitazioni misurate nell'area di riferimento.

Precisione

È la vicinanza di accordo tra i valori ottenuti da misurazioni ripetute. Una misurazione è precisa se le letture si raggruppano strettamente tra loro (bassa dispersione delle letture), senza riferimento al valore vero.

Q

QQ plot

Un QQ plot (Quantile-Quantile plot) è uno strumento grafico usato per confrontare la distribuzione di dati reali con una distribuzione teorica di riferimento, come la distribuzione normale, mostrando i quantili dei dati su un grafico rispetto ai quantili teorici. Aiuta a valutare se i dati seguono la distribuzione prevista.

R

RCP (Representative Concentration Pathways)

Gli RCP, o Percorsi di Concentrazione Rappresentativi, sono traiettorie di concentrazioni di gas serra, aerosol e altri driver climatici utilizzate per la modellazione del clima nel Quinto Rapporto di Valutazione dell'IPCC (*Intergovernmental Panel on Climate Change*).

Repository

È un sito o piattaforma web che raccoglie, preserva e diffonde dati e informazioni in formato digitale, permettendo l'accesso agli oggetti che contiene e ai suoi metadati.

Rianalisi

Nel campo della meteorologia e climatologia, il termine rianalisi si riferisce a un processo di ricostruzione dei dati meteorologici e climatici storici utilizzando metodi avanzati di assimilazione dei dati e modelli numerici. Le rianalisi combinano osservazioni meteorologiche da diverse fonti, come ad esempio satelliti, stazioni meteorologiche, boe oceaniche, con modelli matematici per creare un insieme coerente di dati meteorologici su larga scala, che copre un periodo di tempo prolungato, spesso decenni o addirittura secoli.

Runoff

Il runoff descrive la porzione di precipitazioni che scorre sulla superficie del terreno e non viene assorbita dal suolo. Questa acqua scorre attraverso ruscelli, fiumi o altre vie d'acqua superficiali, contribuendo così al deflusso delle acque superficiali. Il runoff può variare in base alla permeabilità del suolo, alla quantità di precipitazioni e ad altri fattori ambientali.

S

Sedimenti

Particelle di suolo e detriti trasportati dall'acqua, responsabili dell'erosione e della contaminazione dell'acqua.

Sensibilità

La sensibilità in ambito modellistico si riferisce alla misura di quanto una variazione o un cambiamento nei parametri, o input di un sistema o modello, influisca sulle rispettive uscite o output del sistema.

Stazione di misura

Installazione presso un corso d'acqua dove vengono misurati il deflusso e i livelli dell'acqua.

U

Uso/copertura del suolo

Un dato di uso/copertura del suolo è una rappresentazione geografica delle diverse categorie o classi che descrivono come il suolo o la superficie terrestre sono utilizzati o coperti in una specifica area geografica. Questi dati forniscono informazioni dettagliate sulla distribuzione di elementi come aree urbane, agricole, forestali, acquatiche, desertiche, industriali e altre, oltre a caratteristiche come vegetazione, corsi d'acqua, strade, edifici e altre infrastrutture.

V

Validazione

La validazione nei modelli idrologici è il processo mediante il quale si verifica e si quantifica l'accuratezza delle previsioni del modello confrontandole con dati indipendenti o dati di monitoraggio separati da quelli utilizzati per la calibrazione. L'obiettivo della validazione è determinare se il modello è in grado di fornire previsioni affidabili e realistiche in situazioni diverse da quelle utilizzate durante la calibrazione.

Vadose zone

Le *vadose zone*, anche conosciuta come zona non satura o zona di aerazione, è uno strato del suolo situato tra la superficie terrestre e la zona di saturazione, dove l'acqua penetra nel terreno. Questo strato è caratterizzato dalla presenza di aria e acqua, ma l'acqua presente non riempie completamente gli spazi porosi del terreno. La "vadose zone" è quindi una regione in cui il suolo contiene aria e acqua in quantità variabili, con aria che occupa gli spazi interstiziali tra le particelle del suolo.

Z

Zero-Order-Stream

Uno *Zero-Order Stream* è un piccolo corso d'acqua che riceve acqua solo da sorgenti sotterranee e precipitazioni dirette, senza affluenti significativi.

www.ingramcontent.com/pod-product-compliance
Lightning Source LLC
Chambersburg PA
CBHW050806290526
45792CB00001B/5